新兴产业和高新技术现状与前景研究丛书

总主编　金　碚　李京文

生物制药及工程技术现状与应用前景

张　焜　赵肃清　主编

谭　伟　郑　杰　王华倩　副主编

SHENGWU ZHIYAO JI GONGCHENG JISHU
XIANZHUANG YU YINGYONG QIANJING

SPM
南方出版传媒
广东经济出版社
·广州·

图书在版编目（CIP）数据

生物制药及工程技术现状与应用前景 / 张焜，赵肃清主编．—广州：广东经济出版社，2015. 5
（新兴产业和高新技术现状与前景研究丛书）
ISBN 978－7－5454－3844－4
Ⅰ．①生… Ⅱ．①张… ②赵… Ⅲ．①生物制品－工程技术－研究 Ⅳ．①TQ464

中国版本图书馆 CIP 数据核字（2015）第 005642 号

出版发行	广东经济出版社（广州市环市东路水荫路 11 号 11～12 楼）
经销	全国新华书店
印刷	中山市国彩印刷有限公司 （中山市坦洲镇彩虹路 3 号第一层）
开本	730 毫米×1020 毫米 1/16
印张	11. 5
字数	194 000 字
版次	2015 年 5 月第 1 版
印次	2015 年 5 月第 1 次
书号	ISBN 978－7－5454－3844－4
定价	28. 00 元

如发现印装质量问题，影响阅读，请与承印厂联系调换。
发行部地址：广州市环市东路水荫路 11 号 11 楼
电话：（020）38306055 37601950 邮政编码：510075
邮购地址：广州市环市东路水荫路 11 号 11 楼
电话：（020）37601980 邮政编码：510075
营销网址：http：//www · gebook. com
广东经济出版社常年法律顾问：何剑桥律师

“新兴产业和高新技术现状与前景研究”丛书编委会

原　磊　中国社会科学院工业经济研究所工业运行研究室主任、副研究员

陈　志　中国科学技术发展战略研究院副研究员

史岸冰　华中科技大学基础医学院教授

吴伟萍　广东省社会科学院产业经济研究所副所长、研究员

燕雨林　广东省社会科学院产业经济研究所研究员

张栓虎　广东省社会科学院产业经济研究所副研究员

邓江年　广东省社会科学院产业经济研究所副研究员

杨　娟　广东省社会科学院产业经济研究所副研究员

柴国荣　兰州大学管理学院教授

梅　霆　西北工业大学理学院教授

刘贵杰　中国海洋大学工程学院机电工程系主任、教授

杨　光　北京航空航天大学机械工程及自动化学院工业设计系副教授

迟远英　北京工业大学经济与管理学院教授

王　江　北京工业大学经济与管理学院副教授

张大坤　天津工业大学计算机科学系教授

朱郑州　北京大学软件与微电子学院副教授

杨　军　西北民族大学现代教育技术学院副教授

赵肃清　广东工业大学轻工化工学院教授

袁清珂　广东工业大学机电工程学院副院长、教授

黄　金　广东工业大学材料与能源学院副院长、教授

莫松平　广东工业大学材料与能源学院副教授

王长宏　广东工业大学材料与能源学院副教授

总 序

人类数百万年的进化过程，主要依赖于自然条件和自然物质，直到五六千年之前，由人类所创造的物质产品和物质财富都非常有限。即使进入近数千年的“文明史”阶段，由于除了采掘和狩猎之外人类尚缺少创造物质产品和物质财富的手段，后来即使产生了以种植和驯养为主要方式的农业生产活动，但由于缺乏有效的技术手段，人类基本上没有将“无用”物质转变为“有用”物质的能力，而只能向自然界获取天然的对人类“有用”之物来维持低水平的生存。而在缺乏科学技术的条件下，自然界中对于人类“有用”的物质是非常稀少的。因此，据史学家们估算，直到人类进入工业化时代之前，几千年来全球年人均经济增长率最多只有0.05%。只有到了18世纪从英国开始发生的工业革命，人类发展才如同插上了翅膀。此后，全球的人均产出（收入）增长率比工业化之前高10多倍，其中进入工业化进程的国家和地区，经济增长和人均收入增长速度数十倍于工业化之前的数千年。人类今天所拥有的除自然物质之外的物质财富几乎都是在这200多年的时期中创造的。这一时期的最大特点就是：以持续不断的技术创新和技术革命，尤其是数十年至近百年发生一次的“产业革命”的方式推动经济社会的发展。① 新产业和新技术层出不穷，人类发展获得了强大的创造能力。

① 产业革命也称工业革命，一般认为18世纪中叶（70年代）在英国产生了第一次工业革命，逐步扩散到西欧其他国家，其技术代表是蒸汽机的运用。此后对世界所发生的工业革命的分期有多种观点。一般认为，19世纪中叶在欧美等国发生第二次工业革命，其技术代表是内燃机和电力的广泛运用。第二次世界大战结束后的20世纪50年代，发生了第三次工业革命，其技术代表是核技术、计算机、电子信息技术的广泛运用。21世纪以来，世界正在发生又一次新工业革命（也有人称之为“第三次工业革命”，而将上述第二、第三次工业革命归之为第二次工业革命），其技术代表是新能源和互联网的广泛运用。也有人提出，世界正在发生的新工业革命将以制造业的智能化尤其是机器人和生命科学为代表。

当前，世界又一次处于新兴产业崛起和新技术将发生突破性变革的历史时期，国外称之为“新工业革命”或“第三次工业革命”“第四次工业革命”，而中国称之为“新型工业化”“产业转型升级”或者“发展方式转变”。其基本含义都是：在新的科学发现和技术发明的基础上，一批新兴产业的出现和新技术的广泛运用，根本性地改变着整个社会的面貌，改变着人类的生活方式。正如美国作者彼得·戴曼迪斯和史蒂芬·科特勒所说：“人类正在进入一个急剧的转折期，从现在开始，科学技术将会极大地提高生活在这个星球上的每个男人、女人与儿童的基本生活水平。在一代人的时间里，我们将有能力为普通民众提供各种各样的商品和服务，在过去只能提供给极少数富人享用的那些商品和服务，任何一个需要得到它们、渴望得到它们的人，都将能够享用它们。让每个人都生活在富足当中，这个目标实际上几乎已经触手可及了。”“划时代的技术进步，如计算机系统、网络与传感器、人工智能、机器人技术、生物技术、生物信息学、3D 打印技术、纳米技术、人机对接技术、生物医学工程，使生活于今天的绝大多数人能够体验和享受过去只有富人才有机会拥有的生活。”①

在世界新产业革命的大背景下，中国也正处于产业发展演化过程中的转折和突变时期。反过来说，必须进行产业转型或“新产业革命”才能适应新的形势和环境，实现绿色化、精致化、高端化、信息化和服务化的产业转型升级任务。这不仅需要大力培育和发展新兴产业，更要实现高新技术在包括传统产业在内的各类产业中的普遍运用。

我们也要清醒地认识到，20 世纪 80 年代以来，中国经济取得了令世界震惊的巨大成就，但是并没有改变仍然属于发展中国家的现实。发展新兴产业和实现产业技术的更大提升并非轻而易举的事情，不可能一蹴而就，而必须拥有长期艰苦努力的决心和意志。中国社会科学院工业经济研究所的一项研究表明：中国工业的主体部分仍处于国际竞争力较弱的水平。这项研究把中国工业制成品按技术含量低、中、高的次序排列，发现国际竞争力大致呈 U 形分布，即两头相对较高，而在统计上分类为“中技术”的行业，例如化工、材料、机械、电子、精密仪器、交通设备等，国际竞争力显著较低，而这类产业恰恰是工业的主体和决定工业技术整体素质的关键基础部门。如果这类产业竞争力不

① 【美】彼得·戴曼迪斯，史蒂芬·科特勒. 富足：改变人类未来的 4 大力量. 杭州：浙江大学出版社，2014.

强，技术水平较低，那么“低技术”和“高技术”产业就缺乏坚实的基础。即使从发达国家引入高技术产业的某些环节，也是浅层性和“漂浮性”的，难以长久扎根，而且会在技术上长期受制于人。

中国社会科学院工业经济研究所专家的另一项研究还表明：中国工业的大多数行业均没有站上世界产业技术制高点。而且，要达到这样的制高点，中国工业还有很长的路要走。即使是一些国际竞争力较强、性价比较高、市场占有率很大的中国产品，其核心元器件、控制技术、关键材料等均须依赖国外。从总体上看，中国工业品的精致化、尖端化、可靠性、稳定性等技术性能同国际先进水平仍有较大差距。有些工业品在发达国家已属“传统产业”，而对于中国来说还是需要大力发展的“新兴产业”，许多重要产品同先进工业国家还有几十年的技术差距，例如数控机床、高端设备、化工材料、飞机制造、造船等，中国尽管已形成相当大的生产规模，而且时有重大技术进步，但是，离世界的产业技术制高点还有非常大的距离。

产业技术进步不仅仅是科技能力和投入资源的问题，攀登产业技术制高点需要专注、耐心、执着、踏实的工业精神，这样的工业精神不是一朝一夕可以形成的。目前，中国企业普遍缺乏攀登产业技术制高点的耐心和意志，往往是急于“做大”和追求短期利益。许多制造业企业过早走向投资化方向，稍有成就的企业家都转而成为赚快钱的“投资家”，大多进入地产业或将“圈地”作为经营策略，一些企业股票上市后企业家急于兑现股份，无意在实业上长期坚持做到极致。在这样的心态下，中国产业综合素质的提高和形成自主技术创新的能力必然面临很大的障碍。这也正是中国产业综合素质不高的突出表现之一。我们不得不承认，中国大多数地区都还没有形成深厚的现代工业文明的社会文化基础，产业技术的进步缺乏持续的支撑力量和社会环境，中国离发达工业国的标准还有相当大的差距。因此，培育新兴产业、发展先进技术是摆在中国产业界以至整个国家面前的艰巨任务，可以说这是一个世纪性的挑战。如果不能真正夯实实体经济的坚实基础，不能实现新技术的产业化和产业的高技术化，不能让追求技术制高点的实业精神融入产业文化和企业愿景，中国就难以成为真正强大的国家。

实体产业是科技进步的物质实现形式，产业技术和产业组织形态随着科技进步而不断演化。从手工生产，到机械化、自动化，现在正向信息化和智能化方向发展。产业组织形态则在从集中控制、科层分权，向分布式、网络化和去中心化方向发展。产业发展的历史体现为以蒸汽机为标志的第一次工业革命、以电力和自动化为标志的第二次工业革命，到以计算机和互联网为标志的第三次工业革命，再到以人工智能和生命科学为标志的新工业革命（也有人称之为“第四次工业革命”）的不断演进。产业发展是人类知识进步并成功运用于生产性创造的过程。因此，新兴产业的发展实质上是新的科学发现和技术发明以及新科技知识的学习、传播和广泛普及的过程。了解和学习新兴产业和高新技术的知识，不仅是产业界的事情，而且是整个国家全体人民的事情，因为，新产业和新技术正在并将进一步深刻地影响每个人的工作、生活和社会交往。因此，编写和出版一套关于新兴产业和新产业技术的知识性丛书是一件非常有意义的工作。正因为这样，我们的这套丛书被列入了2014年的国家出版工程。

我们希望，这套丛书能够有助于读者了解和关注新兴产业发展和高新产业技术进步的现状和前景。当然，新兴产业是正在成长中的产业，其未来发展的技术路线具有很大的不确定性，关于新兴产业的新技术知识也必然具有不完备性，所以，本套丛书所提供的不可能是成熟的知识体系，而只能是形成中的知识体系，更确切地说是有待进一步检验的知识体系，反映了在新产业和新技术的探索上现阶段所能达到的认识水平。特别是，丛书的作者大多数不是技术专家，而是产业经济的观察者和研究者，他们对于专业技术知识的把握和表述未必严谨和准确。我们希望给读者以一定的启发和激励，无论是“砖”还是“玉”，都可以裨益于广大读者。如果我们所编写的这套丛书能够引起更多年轻人对发展新兴产业和新技术的兴趣，进而立志投身于中国的实业发展和推动产业革命，那更是超出我们期望的幸事了！

金　碚

2014年10月1日

前　言

生物制药产业被誉为“朝阳产业中的朝阳产业”，是一个知识密集和技术含量高的新兴产业。生物药物是指运用微生物学、生物学、医学、生物化学等的研究成果，综合运用物理学、化学、生物化学、生物技术和药学等学科的原理和方法，利用生物体、生物组织、细胞、体液等制造的一类用于预防、治疗和诊断的生物制品。生物药物的特点是药理活性高、毒副作用小、营养价值高。生物药物主要有蛋白质（包括单克隆抗体和基因工程抗体）、反义药物、基因工程药物和疫苗等。

生物制药技术作为一种高新技术，是20世纪70年代初伴随着DNA重组技术和淋巴细胞杂交瘤技术的发明和应用而诞生的。40多年来，生物制药技术的飞速发展为制药产业的发展开辟了广阔的前景，极大地改善了人们的生活，世界各国都把生物制药确定为21世纪科技发展的关键技术和新兴产业。

生物药物是一类特殊的药品，它除用于临床治疗和诊断外，还用于健康人特别是儿童的预防接种，以增强机体对疾病的抵抗力。生物药物的质量攸关人民的生命，质量好的制品可增强人的免疫力，治病救人，造福于人民；质量差的制品不但不能保障人民的健康，还可能带来灾难，危害人民。如许多基因工程药物，特别是细胞因子药物都可参与人体机能的精细调节，在极微量的情况下就会产生显著的效应，任何性质或数量上的偏差，都可能贻误病情甚至造成严重危害。因此，为了保证用药安全、合理和有效，在药品的研制、生产、供应以及临床使用过程中都应该建立生物药物产品质量体系，进行严格的质量控制和科学管理，并采用各种有效的分析检测方法，对药品进行严格的分析检验，从而对各个环节进行全面的控制、管理，并研究提高药品的质量，实现药品的全面质量控制。

本书面向的读者是领导干部和管理阶层，是为各级领导干部培训所编写的教材，定位为科普读本。全书共有四章，概述了生物制药的基本知识，其中第一章介绍了生物制药的基本情况和研究进展，由赵肃清教授和张焜教授编写；

第二章介绍了生物制药的基本原理和制备过程，由郑杰博士编写；第三章介绍了生物制药的质量及其控制，由谭伟博士编写；第四章介绍了生物技术药物研发趋势，由王华倩博士编写。

本书是诸位作者总结多年从事生物制药的教学和科研工作的心得，在大量的理论知识和经验基础上编写的。

目　　录

第一章　生物制药概述

一、生物技术与生物制药

生物技术（Biotechnology）是指以现代生命科学为基础，结合其他基础学科的原理，采用先进工程技术，按照预先设计改造生物体或加工生物原料，为达到某种目的或为人类生产所需产品的一门新兴综合性学科。主要包括基因工程、细胞工程、酶工程和发酵工程。近年来又发展形成抗体工程、蛋白质工程和生物化学工程。

生物技术的研究对象从细胞、亚细胞水平扩展到分子水平，从而使生命现象、生命行为、疾病成因等从分子角度出发的研究有了突破性进展，产生出更新换代的生物药剂新产品。从20世纪70年代中期起，与产业革命的发展进程紧密相结合的现代生物技术，率先为人类的创业开辟了一条新途径，并在国民经济各个领域中显示出巨大的生命力和广阔的应用前景。综述其影响，已经涉及动植物新种苗、新产物；涉及医药、治疗、农药、食品、化妆品和其他机能性物质的生产；涉及生物反应器、生物传感器、生物能源；涉及冶金、电子、轻化工生产工艺的改革；涉及整个生物圈和环境净化等重要领域。又据有关资料报道，预测2025年世界人口将达到80亿，2050年将达到100亿，为确保这么多人口的用药问题，必须依靠生物技术生产高效的新药物。由于现代生物技术的发展迅猛，科学家预言：21世纪将是生物技术大发展的世纪。

鉴于世界上技术先进、经济发达国家对生物技术的高度重视，面对世界新技术革命的挑战，我国“863”高科技发展计划把发展生物技术放在首位，结合我国国情以解决医药中存在的难题，确定了新型药物、疫苗和基因治疗及蛋白质工程等为关键技术问题。

其中新型药物、疫苗和基因治疗将以基因工程为主体，研究针对乙型肝炎、恶性肿瘤、心血管疾病等的各种基因工程疫苗、多肽药物、导向药物等生物技术产品，并应用基础研究，跟踪国际上新技术的发展，以期于 20 世纪末 21 世纪初，在生物技术的一些重要方面达到国际水平，并在某些领域达到国际先进水平。而蛋白质工程（Protein engineering）的目的在于改造天然蛋白质或研制自然界中不存在的新型蛋白质，使其具有医用或所希望的性能。对该类生物技术的研究和开发，将对工、农、医等国民经济各部门的发展产生重要影响。

美国在生物技术领域处于全球领先地位，无论是在研究水平、投资强度，还是在产业规模和所占市场份额上都是如此。据统计，到 2001 年年初，美国生物技术产业已有公司 1400 家（这一数字还不包括为数更多的相关技术公司和传统制药公司），雇员达 17.4 万人，超过了玩具和体育用品产业的就业人数之和。美国的生物技术产业自 1993 年以来规模扩大了 2 倍以上，收入从当年的 80 亿美元增加到 2001 年的 285 亿美元。目前，美国在艾滋病研究、基因组测序、克隆和干细胞研究等广泛领域均占据了领先地位。截至 2000 年年底，美国食品药品监督管理局（FDA）已经批准了 117 种以上的生物技术药品和疫苗，目前正在进行临床试验的生物技术药物制品和疫苗至少有 350 种，这些药物或疫苗针对 200 多种疾病而开发，包括各种癌症、早老性痴呆症、心脏病、糖尿病、硬化症、艾滋病和关节炎等。另据统计，全球生物药品市场规模 1997 年为 150 亿美元，2000 年为 300 亿美元，2003 年为 600 亿美元，而由于生物技术发展人类完成了基因组测序，基因药物和基因治疗得到快速发展，基因药物可以使几千种病症预防、缓解和治愈的可能性大大提高，因此有人说，一个基因就能形成一个产业。到 2020 年，利用基因重组技术研制的新药可能会达到3000 种。

生物制药是指利用生物体或生物过程生产药物的技术，泛指包括生物制品在内的生物体的初级和次级代谢产物或生物体的某一组成部分，甚至包括整个生物体用作诊断和治疗疾病的医药品。生物药物的有效成分在生物材料中浓度较低、分子大，组成和结构复杂，具有严格的空间构象，以维持其特定的生理功能，对热、酸、碱、重金属及 pH 变化和各种理化因素都较敏感，易腐败，注射用药有特殊要求。而且由于生物药物有特殊的生理功能，因此，生物药物不仅要有理化检验指标，更要有生物活性检验指标，这是生物药物生产的关键。

生物药物的发展以1860年巴斯德发现细菌为开始，这为抗生素的发现奠定了基础。1928年英国Fleming发现了青霉素，1941年美国开发成功，这是抗生素时代的开始。1976年英国医生Jenner发明牛痘疫苗治疗天花，从此用生物制品预防传染病开始并得到肯定。1921年加拿大科学家Banting FC和Best C最初发现并纯化胰岛素用于临床，这是生物制药最具里程碑意义的事件，1982年第一个基因工程药物人胰岛素上市，1992年生产基因工程药物人胰岛素达10种。1983年日本首先实现紫草细胞工业化培养生产紫草素。到最近几年，国内天津大学和清华大学相继研制成功紫杉醇细胞发酵生产和提纯方法。总之，生物制药需求广阔，尤其是新医改将带来市场扩容的机会。疫苗将随着国家投入的加大而增长，而诊断试剂也将随市场扩大而增长。虽然目前生物制药行业在整个医药行业中所占比重较小，但是其技术在整体上处于行业领先水平，特别是在一些高精尖领域已经达到国际水平，加之创业板呼之欲出，未来将会有一批具有高成长创新性企业涌现，因此生物制药行业前景十分广阔。

从生物技术的发展方向来看，以下几个领域是未来我国生物制药研究和投资的主要方向：①开发针对神经系统、肿瘤、心血管系统、艾滋病及免疫缺陷等重大疾病的多肽、蛋白质和核酸药物；②选择一批市场前景好的疫苗、诊断用单克隆抗体试剂；③靶向治疗药物，特别是抗肿瘤靶向药物的开发；④人源化单克隆抗体的研究将是今后的一个热点；⑤血液替代品的研究与开发将占有重要的地位；⑥利用“人类基因组计划”所取得的成果，通过高通量筛选平台技术对中国传统中草药的有效成分进行筛选，将对发展我国生物药业具有重大意义。

生物药物可以按药物的化学本质和化学特性，或原料来源进行分类，还可按照生理功能和临床用途等进行分类，但通常是按其生物化学性质进行分类。因为生物药物的有效成分一般是比较清楚的，该分类方法有利于比较同一类药物的结构与功能的关系、分离制备方法的特点和检测方法的统一等。本章根据制备药物的方法不同将药物具体分为如下类别：基因工程药物、细胞工程药物、微生物工程药物、酶工程药物、蛋白质工程药物、抗体工程药物和生物化学药物。

二、基因工程制药

基因工程药物是指利用基因重组技术制造的对人体机能有重要调节作用，含量极少，难以用传统方法制取的蛋白质、单克隆抗体、细胞因子等药物。实质上就是人体内的必要成分，它们调节人体的各种生理功能，维持细胞的生长发育，提高机体的免疫力。一旦缺乏这些成分，将导致一系列疾病。基因工程制药与传统制药相比有利润高、便于大规模生产、污染少以及具有它特有的疗效等优点。因此基因工程制药产业发展迅速，产品在药品市场上所占的比例日益增大。当然，基因工程制药产业同时具有高风险、高投资的特点，产品的开发费用高，产品从开发到中试再到工业化生产耗时相当长。比如 EPO 从克隆出基因到产品获批准用时 7 年，而如此长的周期可能会因重复研制开发而失去优势，故投资的风险较大。

我国基因工程药物的研发起步较晚，美国 1982 年已批准 rhul 上市，但我国少数科学家从那时起才开始准备研究基因工程药物。经过近 20 年的发展，我国生物技术整体水平迅速提高，取得了一批高水平的研究成果。1989 年我国第一个基因工程药物干扰素 alb 上市，标志着我国基因制药实现了零的突破。重组干扰素 alb 是世界上第一个采用中国人基因克隆和表达的基因工程药物，也是到目前为止唯一的一个我国自主研制成功的，拥有自主知识产权的基因工程一类新药。到 2000 年年底，我国共有 19 种重组蛋白质和疫苗相继上市，它们包括：IFN - alb、IFN - a2a、IFN - a2b、IFN - r、IL - 2、G - CSF、GM - CSF、SK、EPO、EGF、EGF 衍生物、bFGF、Insulin、GH、TPO、TNF 衍生物、胸苷激酶、乙肝疫苗、痢疾疫苗。另外尚有 10 多种生物技术新药正在进行临床试验，以及重组凝乳酶、各种单克隆抗体等多种基因工程药物或疫苗处于临床前研究开发阶段。在此期间，重组蛋白质药物和疫苗销售额也迅速增长，由 1996 年的 2 亿元，增长到 1998 年的 7. 17 亿元，2000 年则达到 22. 8 亿元，年增长率为 80%，显示了广阔的市场前景。我国目前已有各类生物技术公司 200 多家，形成了万余名从事生物技术研究和开发的科研队伍，从地域上看主要集中在北京、上海、深圳、西安、合肥等地。到目前为止已取得基因工程药物生产文号的公司约 30 家，但规模都比较小，只有 2 家公司（深圳科兴、沈阳三生）年销售额超过亿元，其余的公司销售额在几百万元至几千万元不等。在基因工程药品中，各种干扰素加起来销售额约 5 亿元，居首位，其次是 G - CSF 和 IL - 2。

自 1973 年基因工程诞生以来，最先应用基因工程技术并且目前最为活跃的研究领域是医药科学。基因工程技术的飞速发展使人们能够生产出以往难以大量获得的生物活性物质，甚至可以创造出自然界中不存在的全新物质。所以，世界各国竞相投入大量的人力、财力和物力，促进基因工程药物的研究与开发。自1982年第一个基因工程药物胰岛素投入市场以来，到目前为止，约有50种基因工程药物投入市场。

基因工程制药是一项十分复杂的系统工程，可分为上游和下游两个阶段。上游阶段的工作主要在实验室内完成，包括目的基因的分离、DNA重组体的构建、工程菌的构建；下游阶段是从工程菌的大规模培养一直到产品分离纯化、除菌过滤、半成品的检定、成品的检定、包装、质量控制等。目前，基因工程药物产业化过程中存在的主要问题如下：

（1）重复投资，缺乏创新：20世纪90年代以来涉及基因工程药物的企业大量涌起，但大多是仿制其他产品，很少拥有独立知识产权的药品。基因工程制药企业往往是多家生产一种产品，造成不良竞争，企业也得不到合理的利润，故对产品的研发投入跟不上，很难进入良性发展轨道。

（2）中试和工程开发能力落后：我国的上游技术已与国外缩小差距，但下游技术仍有很大差距。如工艺设备、分析仪器主要依赖进口；又如高产率的分离纯化处理工艺、蛋白产品的稳定性及制剂的配方、高质量的控制鉴别和测试、执行GMP的操作规范等方法，都与国际水平存在差距。

（3）融资困难，资金不足：基因工程制药产业是高科技产业，具有高投入、高风险的特点，目前其资金的主要来源还是银行贷款。这种单一的融资渠道，造成企业资金不足，很难拥有竞争力。

针对以上问题应采用的对策：

（1）以市场为导向积极开发新药，避免重复仿制。有能力的企业要以市场为导向开发新药，形成拥有独立知识产权的新药品，从而提高企业的竞争力。同时，进一步完善知识产权保护制度和新药的审批制度，用政策、法规支持创新，确实保护创新者的利益，避免重复生产。在加强创新药品研发方面，一般的企业要量力而行，可以有选择地合法仿制一些专利即将过期、价格稳定、疗效明确、国内市场急需的药。这样既缩短了人民用药和国外的时间差，又减轻了药物专利给药厂带来的压力。当然，仿制时要有协作意识，不要造成恶性竞争。

（2）深化改革，加强人才队伍建设。深化科技体制改革和企业体制改革，同时通过多途径加强人才队伍建设（包括专业技术人才和组织管理人才），努力培养技术兼经营管理的复合型人才。

（3）引导积极的风险投资市场。政府应制定法规政策使风险投资市场成熟起来，为风险投资创造宽松的环境，如允许投资银行、保险公司设立风险投资基金等。

三、细胞工程制药

细胞工程制药是细胞工程技术在制药工业方面的应用。所谓细胞工程，就是以细胞为单位，按人们的意志，应用细胞生物学、分子生物学等理论和技术，有目的地进行精心设计、精心操作，使细胞的某些遗传特性发生改变，达到改良或产生新品种的目的，以及使细胞增加或重新获得产生某种特定产物的能力，从而在离体条件下进行大量培养、增殖，并提取出对人类有用的产品的一门应用科学和技术。它主要由上游工程（包括细胞培养、细胞遗传操作和细胞保藏）和下游工程（即将已转化的细胞应用到生产实践中用以生产生物产品的过程）两部分构成。当前细胞工程所涉及的主要技术领域包括细胞融合技术、细胞器特别是细胞核移植技术、染色体改造技术、转基因动植物技术和细胞大量培养技术等方面。

目前，细胞工程所涉及的主要技术有：动物组织和细胞培养技术、细胞融合技术、细胞器移植和细胞重组技术、体外受精技术、染色体工程技术、DNA重组技术等。细胞工程的应用也是多方面的，下面将细胞工程分为动物细胞工程制药和植物细胞工程制药来分别论述。

（一）动物细胞工程制药

所谓动物细胞工程，是根据细胞生物学及工程学原理，定向改变动物细胞内的遗传物质从而获得新型生物或特种细胞产品的一门技术。这一技术在生物制药的研究和应用中起关键作用，目前全世界生物技术药物中使用动物细胞工程生产的已超过80%，例如蛋白质、单克隆抗体、疫苗等。当前动物细胞工程制药所涉及的主要技术领域包括细胞融合技术、细胞核移植技术、转基因动物技术和细胞大规模培养技术等方面。

动物细胞工程制药主要涉及细胞融合技术、细胞器移植尤其是核移植技术、染色体改造技术、转基因技术和细胞大规模培养技术等。

细胞融合是用自然或人工的方法使两个或几个不同细胞融合为一个细胞的过程。可用于生产新的物种或品系及产生单克隆抗体等。

在我国目前动物细胞工程的发展中，技术最成熟的当数细胞融合。其中淋巴细胞杂交瘤的研究在国内已普遍开展，并培育了许多具有很高实用价值的杂交瘤细胞株系，它们能分泌产生在诊断和治疗病症方面发挥重要作用的单克隆抗体。如甲肝病毒单克隆抗体、抗人 IgM 单克隆抗体、肿瘤疫苗等可用于治疗疾病；抗人结肠癌杂交瘤细胞系分泌的单克隆抗体、抗 M－CSFR（Macrophage－Colony Stimulating Factor Receptor，巨噬细胞集落刺激因子受体）胞外区的单克隆抗体等则对诊断疾病具有重要价值。由于技术已趋向成熟，目前许多单克隆抗体已经进入产业化的生产阶段。

核移植就是将一个动物的细胞核，移植到卵细胞中，并使其发育生长。核移植技术可用于具有良好发展前景的生物反应器的制备。其中乳腺生物反应器的研制是最为看好的一个转基因制药方向。利用转基因动物乳腺作为生物反应器，生产基因工程人类蛋白质药物，其成本较以微生物发酵、动物细胞培养生产基因工程药物的大大降低。但十几年来，显微注射技术一直是生产乳腺生物反应器的唯一实用手段，由于它本身固有的缺点，使得乳腺生物反应器未能有长足的进步。核移植技术在我国特别是在培育鱼类新品种方面已有多年的研究基础。目前我国在哺乳动物细胞核移植方面的研究也开展得很好，除了传统的胚胎细胞核移植外，体细胞克隆也在牛、山羊、小鼠等物种上获得了成功。如 2000 年 6 月，西北农林科技大学先后培育出了世界上第一只成年体细胞克隆山羊"元元"和第二只成年体细胞克隆山羊"阳阳"。另外，在利用转基因动物作为生物反应器生产基因工程药物方面，上海人类遗传病研究所、中国农业大学、中国科学院发育所、扬州大学、新疆畜牧科学院、解放军军事医学科学院和解放军军需大学等都先后获得了可能有潜在生产人用药物蛋白价值的转基因动物。

转基因动物是指经人的有意干涉，通过实验手段将外源基因导入细胞中并稳定地整合到基因组中，且能遗传给子代的动物。

让动物成为制药工厂、创造人类急需的生物制品，一直是人们梦寐以求的。转基因动物的出现使得这一梦想正逐步成为现实。在 21 世纪制药工业中，最具诱人前景的无疑是应用转基因动物生产转基因药物。应用转基因动物生产药物与以往的制药技术相比，具有不可比拟的优越性。利用哺乳动物生物作为反应器就好比在动物身上建"药厂"，动物的乳汁或者血液可以源源不断地为我们提供有目的基因的产品。它的优越性还表现在产量高、易提纯，表达产物已经过充分修饰和加工，具有稳定的生物活性。另外，作为生物反应器的转基因动物又可无限繁殖，故具有投资成本低、药物开发周期短和经济效益高等优点。可以说，转基因动物的问世，为利用基因工程手段获得低成本、高活性和高表达的药物开辟了一条重要途径。

作为生物反应器的转基因动物，主要是利用其乳腺组织和血液组织进行定位表达，特别是用乳腺组织生产具有生物活性的多肽药物和具有特殊营养意义的蛋白质，已成为一个新兴的转基因制药业。至今已在以下动物的乳汁中生产出一些人类蛋白质药物：牛奶中有抗凝血酶、纤维蛋白原、人血清白蛋白、胶原蛋白、生育激素、乳缺蛋白、糖基转移酶、蛋白 C 等，山羊奶中有抗凝血酶原、抗胰蛋白酶、生育激素、血清白蛋白、组织型纤维溶原激活因子、单克隆抗体，绵羊奶中有抗胰蛋白酶、凝血因子 IX、纤维蛋白原、蛋白质 C，猪奶中亦有蛋白质 C、凝血因子 IX、纤维蛋白原、血红蛋白等。我国在这方面的研究也很活跃，并取得了一些成果。早在 1996 年黄淑帧等就成功制备了 5 头有目的基因（人凝血因子 IX 基因）整合的转基因羊（3 公 2 母），其中 1 头母羊已于 1997 年 9 月产下小羊羔，进入泌乳期，其乳汁中含有活性的人凝血因子 IX 蛋白，这种凝血因子是治疗血友病的珍贵药物。而近几年来的转基因产物更是如雨后春笋般地涌现出来，如潘玲、黄俊成和黄英等，分别在转基因小鼠乳汁中成功地提取了人促红细胞生成素、人胰岛素原和人血白蛋白。

转基因动物除了可在生产基因工程药物方面发挥重要作用外，还可用于建立诊断和治疗人类疾病的动物模型、生产可用于人体器官移植的动物器官等方面。“863”高科技展览中展示的长有“人耳”的小鼠显示了这方面的良好前景，这将有效地解决器官异体移植生理适应难度大的问题，并大幅度地降低器官异体移植的成本。

动物细胞培养是指离散的动物活细胞在体外人工条件下生长、增殖的过程。动物细胞培养开始于 20 世纪初，到 1962 年规模开始扩大，发展至今已成为生物、医学研究和应用中广泛采用的技术方法。利用动物细胞培养生产的具有重要医用价值的生物制品有各类疫苗、干扰素、激素、酶、生长因子、病毒杀虫剂、单克隆抗体等，这些制品已成为医药生物高技术产业的重要部分，其销售收入已占到世界生物技术产品的一半以上。

由于动物细胞体外培养的生物学特性、相关产品结构的复杂性和质量以及一致性要求，动物细胞大规模培养技术仍难以满足具有重要医用价值生物制品规模生产的需求，迫切需要进一步研究和发展细胞培养工艺。目前，我国众多研究领域集中在优化细胞培养环境、提高产品的产率并保证其质量的一致性上。

（二）植物细胞工程制药

人类从植物中得到药物已有很长的历史。随着植物细胞培养、植物基因工程等生物技术的发展，它被赋予了新的内容和广阔的发展前景。我国的中药材是一个具有数千年历史的医药宝库，至今仍在中国和其他许多国家及地区广为使用。传统药材中，80%为野生资源，但由于盲目挖掘，不仅使野生资源日益减少，还严重破坏了自然界的生态平衡；人工种植又面临品质退化、农药污染和种子带病等问题，生物技术的兴起为保存和发展我国传统中药材提供了机会和方法。

组织及细胞培养：植物细胞工程涉及诸多理论原理及实际操作技术，首当其冲的自然是培养技术，也就是将植物的器官、组织、细胞甚至细胞器进行离体的、无菌的培养。它是细胞遗传操作及细胞保藏的基础。近年来植物细胞培养技术主要致力于高产细胞株选育方法、悬浮培养技术、多级培养和固定化细胞技术、培养工艺代化控制、生物反应器研制、下游纯化技术等方面，并取得了较大进展。有些药用植物种类已实现工业化生产，如从希腊毛地黄细胞培养物中通过生物转化生产地高辛、从黄连细胞培养物中生产黄连碱、从人参根细胞中生产人参皂苷等；相当多种类的药用植物细胞的大量培养已达到中试水平，如以长春花生产吲哚生物碱、以丹参生产丹参酮、以青蒿生产青蒿素、以红豆杉生产紫杉醇、以紫草生产萘醌、以三七生产皂苷等。

遗传特性改造：仅仅对细胞进行培养还不够，要使培养的细胞能为人类服务，就要对其进行一定的改造，这就涉及细胞的遗传操作。可以说，遗传操作是整个细胞工程中最为重要也最具挑战性的一环。实验技术的发展使精确、高效的遗传操作变得更加方便。将外源 DNA 导入靶细胞的方法不断完善，除了以前经常使用的质粒载体、病毒载体、转应因子和 APC（酵母人工染色体）等途径外，通过 lipoplex/polyplex 介导、裸 DNA、“基因枪”、超声波法和电注射法等非病毒方式转换细胞的方法也开始被广泛使用；细胞融合方法已被不断地改进，融合率增大；细胞诱变也取得了较大的进展，诱变方式不断增加。这些理论和技术的发展都为更好地改造细胞创造了条件。

转基因植物：利用基因工程技术，把目的基因导入待改造的受体植物细胞，进而培育出获得了目的基因性状的植物，也就是转基因植物。我国转基因植物研究起步较晚。但是，由于确立了正确的发展策略，并将其及时列入重点扶持的“863”高科技发展计划中，因此发展较快，并已取得很大成就。利用转基因植物生产基因工程疫苗是当前的一大热点，研究主要集中在烟草、马铃薯、番茄、香蕉等植物方面，至今已获得成功的有乙型肝炎表面抗原（HBsAg）、不耐热的肠毒素 B 亚单位（LT－B）、链球菌属突变株表面蛋白（spaA）等 10 多种疫苗。转基因植物除了可用于生产疫苗以外，还可以用来生产其他蛋白制品如激素等。1995 年赵倩等就成功地把牛生长激素基因导入马铃薯，得到了转基因植株，从而为从植物中大量获得动物生长激素奠定了基础。

中药的有效成分主要是细胞次生代谢产物，因此利用培养细胞代谢产物的研究是生物技术在中药生产中应用较早的一个方面。目前已经在 400 多种植物中建立了组织和细胞培养物，从中分离出 600 多种代谢产物，其中 40 多种化合物在产量上超过或等于原植物，为利用细胞培养技术工业化生产医药奠定了基础。人们通过筛选高产细胞系，改进培养条件和技术，设计适合植物培养细胞的发酵罐等手段，对烟草、紫草、长春花、丹参、红豆杉、三尖杉、人参、三七、西洋参、三分三、毛地黄、茜草、黄连和彩叶紫苏等多种植物的细胞进行了大规模悬浮培养的试验，以生产烟碱、紫草宁、常春藤碱、丹参酮、紫杉醇、三尖杉酯碱、人参皂、三七、西洋参、三分三、毛地黄碱、茜草素、黄连素和紫苏素等药物。发酵罐规模已达到 10～75L，其中紫草宁、茜草素和人参皂已商业化。近年来，紫杉醇含量已经比原植物提高了 100 多倍，达到 153 $mg \cdot L^{-1}$，而且美国 Phyton Catalytic 公司已在德国 Diversa 进行了 75 t 发酵罐实验。日本和我国的学者们正在对三尖杉细胞的悬浮培养条件进行优化，提高三尖杉酯碱的含量。华中理工大学开展了红豆杉细胞培养技术的系统研究，取得显著的进展。

（三）细胞工程制药发展前景

综上所述，细胞工程不仅可产生大量工业生产天然稀有的药物，而且其产品具有高效性和对疾病鲜明的针对性。因而，细胞工程药物的发展必将给制药工业带来一次革命性飞跃，在人类的医疗保健中发挥越来越重要的作用。

根据目前医药业的发展现状和趋势，我国细胞工程制药应该将重点放在以下几个方面：

人源化抗体的研制和生产：抗体可以对抗各种病原体，亦可作为导向器，但目前的单克隆抗体多为鼠源性抗体，注入人体后会产生抗体（抗抗体）或激发免疫反应。目前国外已通过研究噬菌体抗体技术、嵌合抗体技术、基因工程抗体技术等来解决人源化抗体问题。为了获得疗效更好、更适于人体使用的抗体，我国的细胞工程研究工作者也应该在这方面有所作为。

启动“分子药田”工程：随着21世纪的到来，传统中药材在保障人类健康的社会医疗事业中的作用越来越重要。因为在传统中药材中包含着许多人们尚未认识和开发的具有新功能的化合物，其中不少有望成为新的药物。借助细胞工程技术，人们可望保存和繁殖那些濒临灭绝的药材资源，也可望扩增那些数量极少而又极有价值的新类型化合物，满足临床的需求，或在遗传上改变现存的传统药材的有效成分，附加新的遗传成分，成为“转基因药材”。从植物细胞工程方面来说，植物细胞的大量培养和天然药物的工厂化生产将是未来一段时间发展的重点，尤其是天然植物蕴藏量少、含量低，但临床效用高的成分，如藏红花、紫杉醇等，可利用细胞工程方法进行大量培养生产。可以说，如何将植物细胞工程技术与我国传统中草药的研究相结合，是我们面临的一个新的课题。

实施“动物药厂”计划：在21世纪最具希望和发展潜力的制药方向当然是转基因动物生物反应器，尽管转基因动物生物反应器的生产应用仍处于初级阶段，尚有许多问题和限制因素存在，但是我们应该清楚地认识到应用转基因动物生物反应器生产药物的美好发展前景。目前利用转基因动物生物反应器生产药物在伦理学及商品化方面已不存在任何障碍。虽然这项技术的难度较大，成功率较低，而且目前通过转基因动物生物反应器生产的药物尚未形成产业化，但预期在21世纪初它们就会立足于国际市场，使转基因动物生物反应器产业成为最具高额利润的新型产业。

要达到这样一个目标，转基因动物生物反应器的研究必须在以下几方面有所突破：①转入的基因在受体动物基因组中有随机整合、调节失控、遗传不稳定、表达率不高等问题，急需从理论上突破，获得更多构建合理、有使用价值的结构基因。其关键问题是确保转入基因的有效表达并完全整合，关键技术是基因构建和位点整合。②转基因动物的异位表达和表达产物的泄漏问题。③转基因表达产物或产品的分离与纯化问题。可能会出现要纯化的产物含量低，且要去除全部可以引起人类变态反应的非人类蛋白。④转基因表达产物的结构和生物活性与人体蛋白的相似性问题。转基因产品必须与人体产生的蛋白具有足够的相似性，以免人体对其产生免疫反应。

四、微生物工程制药

微生物工程又称发酵工程（Fermentation engineering），是指采用现代工程技术手段，利用微生物的某些特定功能，为人类生产有用的产品，或者直接把微生物应用于工业生产过程的一种新技术。发酵工程的内容包括菌种的选育、培养基的配制、灭菌、扩大培养和接种、发酵过程及产品的分离提纯等方面。在医药产品中，发酵产品占有特别重要的地位，其产值占医药工业总产值的20%，通过发酵生产的抗生素品种达200多个。此外，微生物发酵制药目前研究的重点和发展方向还包括应用DNA重组技术和细胞工程技术开发的工程菌或利用新型微生物来生产治疗或预防心血管疾病、糖尿病、肝炎、肿瘤的新型药物；利用工程菌开发生理活性多肽和蛋白质类药物，如干扰素、白介素、促红细胞生长素等；以及利用工程菌研制新型疫苗，如乙肝疫苗、疟疾疫苗、艾滋病疫苗等。

（一）抗生素的微生物合成

随着科学技术的发展，抗生素来源不再仅限于微生物，已扩大到动植物。它不仅可用于治疗细菌感染，而且可用于治疗肿瘤以及由原虫、病毒和立克次体所引起的疾病，有的抗生素还有刺激动植物生长的作用。

自1929年英国人发现青霉菌分泌的青霉素能抑制葡萄球菌的生长以后，相继发现了链霉素、氯霉素、金霉素、土霉素、四环素、新霉素和红霉素等抗生素。在近几十年内，抗生素的研究又有了飞速的发展，已找到的抗生素有数千种，其中具有临床效果并已利用发酵法大量生产和广泛应用的多达百余种。

（二）维生素类药物的微生物生产

维生素作为六大生命要素之一，为整个生命活动所必需。维生素A的前体β－胡萝卜素及维生素C和维生素E均为抗氧化剂，能保护人体组织的过氧化损伤并提高机体免疫力，有抗癌、抗心血管疾病和防白内障等功能。

国内用真菌三孢布拉霉生产β－胡萝卜素的产量为2.0 $g \cdot L^{-1}$，国外已达到（3～3.5）2.0 $g \cdot L^{-1}$。粘红酵母、布拉克须霉、丛霉等真菌也具有生产β－胡萝卜素的能力。除真菌外，如球形红杆菌、瑞士乳杆菌等某些细菌也具有发酵生产类胡萝卜素的能力。维生素C的微生物发酵法早已取得重要突破。目前利用氧化葡萄糖杆菌与一种蜡状芽孢杆菌混合菌共固定化发酵技术，可将维生素C的收率提高到80%以上，生产周期比传统工艺缩短1/3。通过优化培养条件，有目的地调节关键基因的表达，以获得高产菌株与培养条件的双重优化，维生素类的微生物产量可望进一步提高。

（三）多烯脂肪酸的微生物生产

γ－亚麻酸（GLA）是人体不能合成而又必需的多烯脂肪酸，缺乏时会导致机体代谢的紊乱而引起多种疾病，如高血压、糖尿病、癌症、病毒感染以及皮肤老化等。因此，体内补充 GLA 已成为治疗疾病和抗衰老的重要手段。二十碳五烯酸（EPA）和二十二碳六烯酸（DHA）在海洋冷水鱼中含量颇丰，是很有价值的医药保健产品，有“智能食品”之称。日本在冷海水域找到的细小球藻中 EPA 的含量高达总油量的 99%。

（四）医用酶制剂的发酵生产

目前，我国每年约有 60 万人死于冠心病，约 120 万人死于脑梗塞、脑溢血，而美国每年约有 15 万人死于中风，约 80% 的病例是由于出现阻止血液流向大脑的血凝块而导致突发性死亡。近年来，除链激酶、链道酶、尿激酶、葡萄糖激酶、金葡激酶、组织型纤溶酶激活剂等之外，蚓激酶也得到开发。它们都是溶血栓的有效药物，已进入临床实用。

（五）紫杉醇的微生物合成

紫杉醇主要是由红豆杉属树种产生的一种二萜类抗癌新药。现在红豆杉树资源严重缺乏，微生物产生发酵就是开辟紫杉醇新来源的途径之一。1993 年 Stierle 等首次报道了真菌安德烈紫杉菌通过发酵也能产生紫杉醇，该菌株连续 3 周内的发酵液中每升含紫杉醇几纳克。最近，他们又从西藏红豆杉细枝中分离出紫杉醇。20 世纪末一株小孢盘多毛孢菌，其发酵水平略高（每升几纳克），我国北京大学研究人员也获得类似的研究成果。美国华盛顿大学研究人员运用现代生物技术，将紫杉醇合成酶基因转入紫杉醇产生菌中，有可能研究出高产紫杉醇的“工程菌”，预计此工程中紫杉醇的产量会比天然真菌中的提高几千倍。澳大利亚研究人员从红松类松树皮中发现一种丝状菌体“树木菌”，其产生的化合物具有类似于紫杉醇的抗癌特效。

（六）微生物工程制药研究进展

微生物制药技术在世界各国卫生医疗和环境保护领域已经取得了卓越的成绩，如胰岛素、氨基酸、牛痘等就是微生物制药技术成熟发展的产物。欧洲和美国、日本等地区已不同程度地制订了今后几十年内用微生物过程取代化学过程的战略计划，工业微生物技术在未来社会药物发展过程中将具有重要地位，尤其对心脑血管领域药物的发展将起到举足轻重的作用。现代社会以追求绿色高科技、可持续发展为目标，随着能源日益稀缺，传统医药发展瓶颈日趋严重，微生物制药将在医疗领域发挥重大作用。

五、酶工程制药

酶工程（Enzyme engineering）是现代生物技术的重要组成部分，是酶学与工程学相互渗透结合、发展而形成的一门新的技术科学；是通过人工操作获得人们所需的酶，并通过各种方法使酶发挥其催化功能的技术过程。酶工程的优点是工艺简单、效率高、生产成本低、环境污染小、产品收益率高、纯度好，还可制造出利用化学方法无法生产的产品。

酶工程制药是生物制药的主要技术之一，主要包括药用酶的生产和酶法制药两方面的技术。

酶是生命活动的产物，又是生命活动必不可缺的条件之一，生物体内的各种生化反应都是在酶的催化作用下完成的，一旦酶的生物合成受到影响或酶的活性受到抑制，生物体内正常的新陈代谢将产生障碍并引发各种疾病。此时，若从体外补充所需的酶就可以使代谢障碍解除，起到治疗和预防疾病的效果，这种酶就是药用酶。例如：用于治疗白血病的天冬酰胺酶、用于防辐射损伤的超氧化物歧化酶等。

酶法制药是在一定的条件下利用酶的催化作用，将底物转化为药物的技术过程。例如：用青霉素酰化酶生产半合成抗生素。酶法制药技术主要包括酶的选择与催化反应条件的确定、固定化酶及其在制药方面的应用、酶的非水相催化及其在制药方面的应用等。

（一）酶工程在医药工业中的应用

1. 酶在疾病预防和治疗方面的应用

（1）蛋白酶。

临床上使用最早、用途最广的药用酶之一。

消化剂，用于治疗消化不良和食欲不振，使用时常常与淀粉酶、脂肪酶等一起制成复合酶制剂，以增加疗效，片剂，可口服。消炎剂，对各种炎症有很好的疗效，能分解一些蛋白质和多肽，使炎症部位的坏死组织溶解，增加组织的通透性，抑制浮肿，促进病灶附近组织积液的排出并抑制肉芽的形成，可口服、外敷和肌肉注射。蛋白酶经组织注射可治疗高血压，由于蛋白酶催化运动迟缓素原及胰血管舒张素原的部分肽段水解生成运动迟缓素和胰血管舒张素，从而使血压下降。

（2）a－淀粉酶。

消化药。

（3）脂肪酶。

消化剂。假单胞菌脂肪酶能分解血液中的低密度脂蛋白和乳糜微粒，可用于预防和治疗高血脂病。

（4）右旋糖苷酶。

水解右旋糖苷酶能生产小分子产物，对龋齿有显著的预防作用，可加到牙膏和漱口水中。

（5）溶菌酶。

有抗菌、消炎、镇痛作用，作用于细胞壁，使其受到破坏，从而使病原菌、腐败性细菌等溶解死亡。

（6）超氧化物歧化酶。

抗氧化、抗辐射、抗衰老，保护机体的DNA、蛋白质和细胞膜免受超氧负离子的破坏。对红斑狼疮、皮肤炎、结肠炎、白内障、风湿性关节炎、氧中毒等疾病有显著疗效，对辐射有防护作用。

（7）乳糖酶。

治疗乳糖缺乏症。有些人或婴儿肠道中缺乏乳糖酶，饮用含有乳糖的牛奶等食品时，由于不能分解乳糖，在肠道中，乳糖会因为细菌分解而产生有机酸，刺激肠道引起呕吐。

（8）链激酶。

可催化纤维蛋白酶原，激活成纤维蛋白酶，将纤维蛋白水解，使血栓溶解。

（9）尿激酶。

溶解血栓。

2. 酶在制药方面的应用

酶在制药方面的应用是利用酶的催化作用将前体药物转变为药物。如用青霉素酰化酶制造半合成抗生素、用天冬氨酸酶生产L－天冬氨酸、用谷氨酸脱

羧酶制造 γ－氨基丁酸等。

（二）酶工程制药研究进展

天然酶易在酸、碱、有机溶剂和过热等条件下失活，也容易受产物和抑制剂的抑制，工业反应要求的酸度和温度并不会总是在酶反应的最适合酸度和温度范围内，底物不溶于水或酶的米氏常数过高以及作为药物在体内的半衰期较短都会影响酶的功能。所以，对酶在分子水平上用化学方法进行改造，也就是在体外将酶分子通过人工方法与一些化学基因，特别是具有生物溶性的大分子进行共价连接，从而改变酶分子的酶学性质的技术，即酶的化学修饰。通过化学修饰能提高酶的稳定性，降低或消除酶分子的免疫原性，从而扩大酶制剂的应用范围，同时，化学修饰也是研究酶活性中心性质的重要手段。

但是，酶分子经过化学修饰后，并不是所有的缺点都可以克服了，并且修饰的结构难以预测。今后，应选用更多合适的修饰方法，如使用基因工程法、蛋白质工程法、人工模拟法和某些物理修饰法等，使酶的性质进一步改善。

此外，根据酶的作用原理，用人工的方法合成具有活性中心和催化作用的非蛋白质结构化合物，在酶技术和药物的有机合成中，能够作为模拟抗体、模拟酶或具有催化活性的聚合物应用于未来药物的工业生产中。

六、蛋白质工程制药

蛋白质工程（Protein engineering）也被称为“第二代基因工程”，是指在基因工程的基础上，结合蛋白质结晶学、计算机辅助设计和蛋白质化学等多学科的基础知识，通过对基因的人工定向改造等手段，从而达到对蛋白质进行修饰改造拼接的目的以产生能满足人类需要的新型蛋白质的技术。

蛋白质工程药物，顾名思义是指将蛋白质工程的技术方法应用于医药领域得到的产品。简单地说，是以已知蛋白质分子的结构及结构与生物功能关系的详细信息为基础，通过设计、构建，对现有蛋白质加以定向改造，或从头设计全新的蛋白质分子，并最终生产出符合人们的设计，可应用于临床的新型多肽药物。所以，蛋白质工程药物不同于自然界中的多肽分子，是通过蛋白质工程技术，针对重组天然蛋白质药物存在的缺点，进行了新的设计和改造，使其具备更好或新的药理特性，提高药效和减少毒副作用，是新一代的基因工程重组药物，在目前的生物技术药物中所占比例日益增长，将成为未来生物制药业发展的重要方向之一。

蛋白质工程在新药研究中的应用

1. 提高药效活性

基因工程重组蛋白药物应用于人体时，可以通过与靶蛋白相互作用触发一系列的细胞内信号传导而发挥效应，或干扰受体—配体相互作用而中和异常表达内源分子。这就需要重组蛋白药物对靶分子具有高亲和力和特异性，而天然蛋白质分子往往无法达到临床应用的要求，于是人们借助于蛋白质工程技术来改造天然的蛋白质先导药物，提高所需的亲和力和特异性，达到提高药效、降低用量和副作用用的目的。

2. 提高靶向性

具有生物疗效的蛋白质分子往往对于多种组织和细胞都有广泛的效应，这种低特异性往往会造成使用中出现需要量大、毒副反应严重、疗效差的问题而限制临床的使用。提高效应蛋白的靶向性，使之作用于特定的组织或细胞，可以克服以上缺陷。这类药物主要是针对临床上难以治愈的肿瘤的治疗。

3. 提高稳定性、改善药代动力学特性

重组蛋白药物的有效形式在体内存留时间的长短，极大地影响到使用的剂量和疗效。防止蛋白质在体内被迅速降解、延长半衰期，也是蛋白质工程药物要解决的问题之一。

4. 提高工业生产效率

一个成功的药品除了要具有优良的疗效外还应易于生产获得，成本低廉才能真正地得到推广应用，造福广大患者。很多蛋白质药物在生产中遇到表达量低、无法糖基化、成本高、纯化复杂等问题。随着对蛋白质翻译加工、新生肽链折叠以及蛋白质结构在这些过程中的作用等问题的深入研究，人们开始利用蛋白质工程的技术手段，通过改造蛋白质的结构来优化药用蛋白的生产工艺，在不影响功能甚至提高活性的情况下改造天然蛋白质结构，使之易于生产纯化，降低成本而具有临床推广的可行性。

5. 降低蛋白质药物引起的免疫反应

生物技术重组蛋白药物存在种类的特异性，异种蛋白应用于人体将产生免疫反应，严重时可以致命，所以要求应用于人体的蛋白类药物都是人源的，或者是经蛋白质工程改造而“人源化”的重组蛋白。单克隆抗体药物在初期阶段绝大多数是鼠源的，鼠源的单抗分子在人体内会引起免疫反应而达不到预期的效果甚至产生严重的副作用。为解决这个问题，抗体的人源化成为蛋白质工程研究中的一个重要课题。

6. 获得具有新功能的蛋白质分子

人体内某些调控蛋白或高或低的不正常表达是某些疾病的产生原因，通过引入外源拮抗剂抑制高表达的因子，或补充外源类似物补足低表达的分子，是治疗这类疾病的重要手段。通过蛋白质工程技术可以根据已有的信息设计构建与功能筛选，得到这样的拮抗分子、类似分子。目前十分有效的治疗风湿性关节炎的药物 Enbrel（etanercept）就是通过蛋白质工程的方法构建的改良型可溶性 TNF 受体，此分子由 TNF 受体胞外区以二聚体的形式融合于抗体 IgG1 的 Fc 段构成，对 TNF 的亲和力和在血浆中存在的稳定性比单独的 TNF 受体胞外区有了很大的提高。

7. 模拟原型蛋白质分子结构开发小分子模拟肽类药物

血小板生成素（TPO）是作用在巨噬细胞前体至产生血小板的发育阶段上的一种细胞因子，它可以增加骨髓和脾脏中的巨噬细胞数量以及外周血中血小板的含量，可以用于临床放疗、化疗引起的血小板减少症。有人应用 TPO 受体（TPOR）为靶蛋白对噬菌体肽库进行筛选，经过 3～4 轮的筛选，获得 30 个特异地与 TPOR 结合的片段，它们仅为 TPO 的 1/10 大小，但是具有与 TPO 同样的与受体结合并激发受体的能力。其中筛选到的一个高亲和力 14 肽对人的巨噬细胞在体外具有刺激增殖和成熟的作用，对正常小鼠给药时可促进血小板的数量增加，较对照组高 80%，可望成为有效的血小板促生剂。

蛋白质工程药物最大的优势在于，它是创造性而非发现性的产品，它是人们充分发挥了聪明才智对天然药物进行改造的产物，其起效更快，活性更高，毒副作用更小，生产工艺更简便。无论是按传统的路线及蛋白质功能→基因序列→重组表达→药效研究→重组多肽蛋白质药物，还是按照基因序列→重组蛋白→功能药效研究→药物的路线开发的基因组药物，这些天然的蛋白质药物都有可能存在不尽完美之处，而人们通过蛋白质工程方法对这些天然药物进行改造，将尽可能地得到“最优的”蛋白质工程药物。人类的创造力有无限发展的空间，科技的进步永无止境，未来的蛋白质工程药物将具有无法估量的应用前景。

七、抗体工程制药

抗体工程是指利用重组 DNA 和蛋白质工程技术，对抗体基因进行加工改造和重新装配，经转染适当的受体细胞后，表达抗体分子，或用细胞融合、化学修饰等方法改造抗体分子的工程。抗体的研究分为三大阶段：多克隆抗体，单克隆抗体，以基因工程方法制备抗体。

由于病原微生物是具有多种抗原决定簇的抗原物质，因此这些抗体制剂也是多种抗体的混合物，称为多克隆抗体，即针对多种抗原决定簇的抗体。它们在应用过程中经常会出现非特异性交叉反应。1975 年首次用 B 淋巴细胞杂交瘤技术制备出单克隆抗体。单克隆抗体具有高度特异性、均一性，又有来源稳定且可大量生产等特点，为抗体的制备和应用提供了全新的手段，还促进了基础医学和临床医学等众多学科的发展。在临床上主要用于疾病的诊断和治疗。可利用单克隆抗体检测与某些疾病有关的抗原，辅助临床诊断，或用放射性核素标记单克隆抗体进行肿瘤显像，做免疫定位诊断。可用于器官移植排斥反应的抑制，用单克隆抗体作为载体的药物可对肿瘤进行定向治疗。但是，单克隆抗体均是鼠源性抗体，应用于人体内会引起排斥反应；完整抗体分子的相对分子量过大，难以穿透肿瘤组织，达不到有效的治疗浓度。可以通过降低单克隆抗体的免疫原性和降低单克隆抗体的相对分子量来改造增强单克隆抗体的治疗效果。

编者及其团队在卵黄抗体方面做了大量研究，先后制备了抗乙型流感病毒卵黄抗体、多层多肽微胶囊包被的抗肠病毒卵黄抗体等，经体内、体外活性测定发现均具有较好的抗病毒作用，已发表多篇具有影响力的文章，其进一步研究还在进行中。

（一）抗体诊断药物

抗原和抗体的特异性结合在体内和体外都可呈现某种反应。在体内可表现为溶菌、杀菌、促进吞噬或中和毒素等作用，可作为药物用于治疗；在体外可发生凝集或沉淀等反应，可用已知抗体来鉴定抗原，做病原学的诊断和血型测定，称为血清学鉴定。主要有三大类抗体诊断用药。

1. 血清学鉴定用的抗体类试剂

血清学鉴定是指用已知抗体来鉴定未知的抗原，主要用于疾病的病原菌的诊断和血型鉴定以及凝集反应。

（1）鉴定病原菌的抗体试剂。

用单克隆抗体可以检测出多种病毒中非常细微的株间差异，鉴定细菌的种型和亚种，这是传统血清法或动物免疫法所做不到的，而且诊断异常准确。还可以检查出某些尚无临床表现的极小肿瘤病灶，检测心肌梗死的位置和面积，为有效治疗提供方便。对于一些没有特效药物的病毒性疾病（如癌症），正在研究以生物导弹——单克隆抗体做载体携带药物，使药物准确到达癌细胞，以免化疗和放射疗法把正常细胞和癌细胞一起杀死的副作用。

（2）乙型肝炎病毒表面抗原的反向被动血凝诊断试剂。

制备方法：红细胞经甲醛处理后，在酸性条件下能吸附蛋白质，当纯化的抗乙肝病毒血清吸附其上时便具有抗体活性，若待测样品中有乙型肝炎病毒表面抗原时，则发生特异性结合反应而使血细胞发生凝集。

（3）妊娠诊断试剂。

妊娠后，血液和尿液中的绒毛膜促性腺激素含量增高，在3个月内达到高峰。测定方法有生物试验法、胶乳间接凝集试验、酶联免疫吸附测定法、放射免疫测定法。

（4）抗ABO血型系统血清。

2. 免疫标记技术用的抗体类试剂

放射性或酶标记后将抗原和抗体反应放大，提高反应的敏感性，可对微量抗原物质进行定性或定量检测。

（1）荧光抗体诊断试剂。

用荧光色素标记抗体，当抗原与抗体反应时可发光。

（2）免疫酶抗体诊断试剂。

用酶标记抗体来检测抗原，有免疫酶染法和酶免疫测定。

（3）放射免疫用抗体诊断试剂。

把放射性核素分析的高度灵敏度与抗原抗体反应的特异性相结合。

3. 导向诊断药物

以抗体为载体的导向诊断药物的研究比导向治疗更接近临床应用阶段。

放射性免疫显像的优点：在体内有确切定位肿瘤的作用；在体内可检出0.5cm大小的病灶；小分子抗体容易到达肿瘤部位；抗体在肿瘤部位可保留6～9d；能观察抗体在血中的半衰期和可能出现的不良反应。

（二）抗体治疗药物

以抗体为载体的导向治疗药物的研究已有近20年的历史，已制备出百余种单克隆抗体，鉴定出数十种与肿瘤相关的抗原，但治疗试剂还没有达到商品化。

1. 放射性核素标记的抗体治疗药物

抗体作为放射性核素的导向载体，操作简单、用量小，且能观察到药物在体内的分布和药物动力学，放射性标记的抗体有较大的杀伤范围，有利于克服肿瘤表面抗原的异质性，对肿瘤细胞的杀伤也不依赖抗原抗体结合后的吸收作用，由于分子量小，容易穿透到达肿瘤部位。

2. 抗癌药物偶联的抗体药物

（1）常用抗癌药。如甲氨蝶呤、阿霉素、丝裂霉素、环磷酰胺等，以人血清白蛋白为中间载体，可明显提高每分子抗体所携带的甲氨蝶呤量，使体外细胞毒性提高。

（2）抗体类药物的逆转耐药性。肿瘤细胞对抗原药物可产生多药耐药性。

3. 毒素偶联的抗体药物

（1）免疫毒素及其换代制品。

毒素和抗体的交联物称为免疫毒素。第一代免疫毒素是包含有A、B链的完整的毒素和抗体的交联物，应用有限；第二代免疫毒素利用抗体或抗体片段与毒素作用，在体内有一定的抗肿瘤作用；第三代免疫毒素——重组免疫毒素特异性好、稳定性强、渗透性好、免疫原性低，可大量制备。

（2）免疫毒素的制备。

来源主要是细菌毒素和植物毒素。

载体种类：小分子抗体FV和SCFV；细胞生长因子可与细胞膜上的受体结合；激素，可识别细胞表面的受体；CD4，可识别HIV表达的糖蛋白。先克隆出细胞基因，再利用基因重组技术去除毒素中非特异性结合部位的基因，经过改造的毒素基因再与载体基因的互补DNA重组，转入受体菌中表达，形成融合蛋白，再经纯化可得到重组的免疫毒素。

（3）免疫毒素的临床应用。

可用于治疗肿瘤、自身免疫病，并能克服组织移植排斥反应，可单独给药，也可包裹在脂质体及其他微粒中给药，在胞质物质代谢中发挥作用，相对分子量小、渗透力强、效果好。

（三）抗体工程制药发展趋势

抗体库技术问世已有10年，该技术一出现即被认为是抗体工程领域的革命性进展。它的发展和应用为抗体技术领域带来了巨大的变化，人源性抗体的制备问题基本得到了解决，已有大量人源抗体问世，多株来自抗体库的人源抗体已进入临床应用，有的已进入临床Ⅲ期；人们可以更方便地根据需要设计、改进抗体的性能；并已能不通过体内免疫制备各种抗体，包括针对自身抗原或弱抗原的抗体；体外亲和力成熟已突破体内亲和力成熟的“封顶”界限。这些都预示，生物科技工作者可以随意控制抗体的性能，制备具有很高使用价值的“超级”工程抗体的时代即将到来。

八、生物化学制药

生化制药（Biochemical pharmaceutics）是指运用生物化学研究方法，将生物体中起重要生理生化作用的各种基本物质经过提取、分离、纯化等手段制造出药物，或者将上述这些已知药物加以结构改造或是人工合成创造出自然界没有的新药物的一项技术。生化药物不包括用细菌疫苗制成的，供预防、治疗和诊断特定传染病或其他有关疾病的生物制品（这类制品，我国主要由国家药品监督管理所属的各生物制品研究所研究制造）；不包括抗生素，因它早已经自成体系；也不包括从植物药中提取的生物碱等。

生化药物是生物化学发展起来以后才出现的。1919年从动物甲状腺分离得到甲状腺素，1921—1922年从猪、牛胰脏中提取出胰岛素。20世纪40年代至50年代，相继发现了肾上腺皮质激素和脑垂体激素等对机体的重要作用，并通过半合成，使这类药物从品种到产量都得到很大发展。60年代以来，从生物体分离提纯酶的技术趋于成熟，酶制剂如尿激酶、链激酶、激肽释放酶、溶菌酶等相继投入生产，并在临床上得到应用。现代生化技术的发展，又为生化药物的发展创造了更为有利的条件。60年代期间，生化药物有100种左右，70年代增加到140多种，80年代末，有200多个品种可供销售。

（一）生化药物的来源与分类

1. 生化药物的来源

在自然界中，生物体内的各种生化基本物质是丰富多彩的，各种生物就是生化药物最好的原料资源。我国最新资料表明，植物药资源有 11146 种，动物药资源有 1581 种，还有微生物或待开发的其他资源等。

（1）植物来源。

目前，应用植物做原料制备的生化药物不多，如从菠萝中提取的菠萝蛋白酶，从木瓜中提取的木瓜蛋白酶，从蓖麻子中提取的抗癌毒蛋白（Ricin），从瓜蒌中分离的 19 种氨基酸组成的引产药天花粉蛋白等。我国中草药资源极为丰富而且有上千年治疗疾病的历史，但是，由于分离技术的限制，往往把大分子物质当杂质丢弃了。随着现代分离技术的提高和应用，从植物资源中寻找大分子有效物质已经逐渐引起了重视，分离出的品种也在不断增加。

（2）动物来源。

以动物作为原料的生化药物现已有 160 种左右，主要来源于猪，其次来源于牛、羊、家禽等。可以从以下脏器中获得：

①脑。可获得脑磷脂、卵磷脂、大脑组织液、凝血致活酶、胆固醇、脑酶解液、神经节苷脂（Ganglioside）、催眠多肽（Sleeppeptide）、吗啡样因子、维生素 D3、脑蛋白水解物等。

②心。可获得细胞色素 C、心脏激素（Cardinon）、辅酶 Q10、辅酶 A、辅酶 I、心脏制剂（Heron）、冠心舒、心血通注射液等。

③肺。可获得抑肽酶、纤溶酶原激活剂、肝素、肺表面活性剂、核苷酸、去核苷酸等。

④肝。可获得 RNA、iRNA、过氧化氢酶（Catalase）、促进组织呼吸物、含酮肽、SOD、肝抑素、肝解毒素、干细胞生长因子、造血因子、抗脂血作用因子、抑肽酶及各种肝制剂等。

⑤脾。可获得 RNA、DNA、脾水解物、脾转移因子、脾铁蛋白、脾提取物等。

⑥胃肠及黏膜。可获得胃蛋白酶、胃膜素、内在因子、血型特异物 A 与 E、自溶蛋白酶等。

⑦脑下垂体。常叫“脑仁”，含有并分泌多种激素，是生化制药的极好原料。可获得促肾上腺皮质激素（ACTH）、催乳素、促甲状腺素、生长激素、促性激素、中叶素、神经垂体激素等。

⑧胰。含有的酶类最丰富，是动物体中的“酶库”。可获得胰岛素、胰高血糖库、胰酶、糜蛋白酶、胰蛋白酶、胰脱氧核糖核酸、胰脂酶、胶原酶、弹性蛋白酶、催胰素酶、胆碱酯酶、血管舒缓素、胰降压物质等。

⑨血液。可获得水解蛋白及多种氨基酸、纤溶酶、SOD、凝血酶、血红蛋白、血红素、血球素、创伤激素、纤维蛋白等。

⑩胆汁。可获得去氢胆酸、异去氢胆酸、胆酸、鹅去氧胆酸、熊去氧胆酸、雌酮、胆红素、胆膜素（猪、牛黏膜提取物）等。

其他还有如肾、胸腺、肾上腺、松果体、扁桃体、甲状腺、睾丸、胎盘、牛羊角、鸡冠、蛋壳等也是生化制药的原料。人血、人尿和人胎盘等也是重要的原料。

（3）微生物来源。

微生物种类繁多，包括真菌、细菌、放线菌、酵母菌等。它们的生理结构和功能较简单，可变异，易控制和掌握，生产期短，能够实现工业化，是生化制药非常有发展前途的资源。现已知微生物的代谢产物超过 1000 种，微生物酶也近 1300 种，开发的潜力极大。

（4）海洋生物来源。

生存在海洋里的生物有 20 多万种，统称为“海洋生物”。从海洋中制取的药物即称为海洋药物。我国是世界上最早开发利用海洋和研究海洋药物的国家之一，具有悠久的历史。海洋药物的来源有以下几种：

①藻类。发现和提取了一些抗肿瘤、防止心血管疾病、治疗慢性气管炎、驱虫及抗辐射物质、血浆代用品等。

②腔肠动物类。用作生化制药原料的不多。从柳珊瑚中提取前列腺素 A2 和前列腺异构物（15 - epi - PGAz）以及萜类抗菌物质。海葵中分离的 Polytoxin具有抗癌作用。

③节肢动物类。某些甲壳动物可供药用。可以虾、蟹壳为原料制备甲壳素，红点黎明蟹的活性物有抗癌作用等。

④软体动物类。已知有 8 万多种。从中提取分离的活性物质有多糖、多肽、糖肽、毒素等，分别具有抗病毒、抗肿瘤、抗菌、降血脂、止血和平喘等作用。

⑤棘皮动物类。已知有 6000 多种，包括海星、海参、海胆。海星皂素 A 和 B 能使精子失去移动功能。从这些动物中可提取龙虾肌碱、5 - 羟色胺、磷肌酸、胆固醇、乙酰胆碱等。

⑥鱼类。鱼类有 2 万多种，可制造多种药物，如鱼肝油、鱼精蛋白、软骨素、细胞色素 C、卵磷脂、脑磷脂、鸟嘌呤、DNA、血管紧张素、黄体酮、雌二醇、雌酮、雌三醇等。

⑦爬行动物类。包括海蛇、海龟等。海蛇毒有蛋白酶、转氨酶、玻璃酸

酶、L－氨基酸氧化酶、磷脂酶、胆碱酯酶等。

⑧海洋哺乳动物类。鲸鱼和海豚类的脏器、腺体已制成多种药物，如鲸肝可制备抗贫血剂，维生素 A、D 制剂。其他制成的药物还有鲸油和江豚抗癌剂及垂体激素等。

2．生化药物的分类

人类最初会应用动物的各种脏器来治疗疾病，因此，最初按照动物的器官分类，分脑、肝、肾、脾、胰等脏器药物。随着近代科学技术在各个技术领域的相互渗透，已经能用微生物发酵、酶工艺及有机合成法发明很多生化药物。按照生化药物的化学本质和结构，生化药物分为氨基酸类药物、多肽和蛋白质类药物、酶及辅酶类药物、核酸类及衍生物类、糖类药物、脂类药物、动物器官或组织制剂、小动物制剂、菌体制剂等。

（二）生化药物的特点

（1）分子量不是定值。生化药物除氨基酸、核苷酸、辅酶及甾体激素等属化学结构明确的小分子化合物外，大部分为大分子的物质（如蛋白质、多肽、核酸、多糖类等），其分子量一般为几千至几十万。所以，生化药物常需进行分子量的测定。

（2）需检查生物活性。在制备多肽或蛋白质类药物时，有时因工艺条件的变化，会导致蛋白质失活。因此，对这些生化药物，除了用通常采用的理化法检验外，还需用生物检定法进行检定，以证实其生物活性。

（3）需做安全性检查。由于生化药物的性质特殊，生产工艺复杂，易引入特殊杂质，故生化药物常需做安全性检查，如热源检查、过敏试验、异常毒性试验等。

（4）需做效价测定。生化药物多数可通过含量测定，以表明其主药的含量。但对酶类药物需进行效价测定或酶活力测定，以表明其有效成分含量的高低。

（5）结构确证难。在大分子生化药物中，由于有效结构或分子量不确定，其结构的确证很难沿用元素分析、红外、紫外、核磁、质谱等方法加以证实，往往还要用生化法如氨基酸序列等方法加以证实。

（三）生化药物研究进展

近 10 年来，生物技术的进展已开始改变生化药品生产的面貌。这些技术在诊断、治疗疾病和生化药品的提纯方面，有着广阔的应用前景。应用生物技术开发各种生化药物的研究工作将不断得到发展，而且，生物技术中酶工程的发展，将会大大促进整个制药工业生产技术的发展，以基因工程技术、酶工程技术、细胞工程技术、发酵工程技术、蛋白质工程技术，制备新型的生化药物或变革传统的制药工业技术和生产方式，已成为生化制药的一个发展方向。

第二章　生物制药基本原理和制备过程

生物制药技术作为一种高新技术，是20世纪70年代初伴随着DNA重组技术和淋巴细胞杂交瘤技术的发明和应用而诞生的。40多年来，生物制药技术的飞速发展为医疗业、制药业的发展开辟了广阔的前景，极大地改善了人们的生活。因此，世界各国都把生物制药确定为21世纪科技发展的关键技术和新兴产业。

生物技术将为当代重大疾病治疗创造出更多有效的新型药物，并在所有前沿性的医药学科中形成新的研究方向，而且将引起制药工业技术的重大变革。

一、基因工程制药

现代生物技术是一项与医药产业结合非常密切的高技术，它的发展不仅使医学基础学科发生了革命性的变化，也为医药工业发展开辟了更为广阔的前景。生物技术的核心是基因工程，基因工程技术最成功的成就是应用于治疗的新型生物药物的研制。自20世纪70年代基因工程诞生以来，最先应用基因工程技术且目前最为活跃的研究领域便是医药科学。基因工程技术的迅猛发展，使人们已经能够创造出自然界中不存在的全新物质。1982年第一个基因重组产品——人胰岛素在美国问世，吸引和激励了大批科学家利用基因工程技术研制新药品，产生了巨大的社会效益和经济效益。

基因工程技术的应用使得人们在解决癌症、病毒性疾病、心血管疾病和内分泌疾病等方面取得了明显效果，它为上述疾病的预防、治疗和诊断提供了新型疫苗、新型药物和新型诊断试剂。这些药物和制剂都是很珍贵的，用传统方法很难生产，主要是医用活性蛋白和多肽类等，包括：①免疫性蛋白，如各种抗原和单克隆抗体；②细胞因子，如各种干扰素、生长激素、集落刺激生长因子、表皮生长因子、凝血因子；③激素，如胰岛素、生长激素、心钠素；④酶类，如尿激酶、链激酶、葡激酶、组织型纤维蛋白酶原激活剂、超氧化物歧化酶等。

（一）基因工程制药的基本原理

基因工程技术就是将重组对象的目的基因插入载体，拼接后转入新的宿主细胞，构建成工程菌（或细胞），实现遗传物质的重新组合，并使目的基因在工程菌中进行复制和表达的技术。基因工程技术使得很多从自然界中很难或不能获得的蛋白质得以大规模合成。20 世纪 80 年代以来，以大肠杆菌作为宿主，表达真核 cDNA、细菌毒素和病毒抗原基因等，为人类获得大量有医用价值的多肽类蛋白质开辟了一条新的途径。

基因工程药物的生产是一项十分复杂的系统工程，其基本过程可分为上游阶段和下游阶段。

上游阶段主要在实验室完成，首先分离筛选目的基因、载体；然后构建载体 DNA 并将其转入受体细胞，大量复制目的基因；选择重组体 DNA 并分析鉴定；导入合适的表达系统，构建工程菌（细胞），研究制定适宜的表达条件使之正确高效表达。上游阶段是研究开发不可缺少的基础，它主要是分离目的基因、构建工程菌（细胞）。下游阶段是从工程菌（细胞）的大规模培养一直到产品的分离纯化、质量控制等。上游阶段中基因工程药物的生产必须首先获得目的基因，然后用限制性内切酶和连接酶将所需要的目的基因插入适当的载体质粒或噬菌体中，并转入大肠杆菌或其他宿主菌（细胞），以便大量复制目的基因。对目的基因要进行限制性内切酶和核苷酸序列分析。目的基因获得后，最重要的就是使目的基因表达。基因的表达系统有原核生物系统和真核生物系统。选择基因表达系统主要考虑的是保证表达的蛋白质的功能，其次要考虑的是表达量的多少和分离纯化的难易。要将目的基因与表达载体重组，转入合适的表达系统，以获得稳定高效表达的基因工程菌（细胞）。

下游阶段是将实验室成果产业化、商品化，主要包括工程菌大规模发酵最佳参数的确立、新型生物反应器的研制、高效分离介质及装置的开发、分离纯化的优化控制、高纯度产品的制备技术、生物传感器等一系列仪器仪表的设计和制造、电子计算机的优化控制等。工程菌的发酵工艺不同于传统的抗生素和氨基酸发酵，需要对影响目的基因表达的因素进行分析，对各种影响因素进行优化，建立适合目的基因高效表达的发酵工艺，以便获得较高产量的目的基因表达产物。为了获得合格的目的产物，必须建立起相应的分离纯化、质量控制、产品保存等一系列技术。

（二）基因工程制药的基本过程

基因工程制药工艺过程的目标是把目的基因转入另一生物体（或细胞）中，使之在新的遗传背景之下实现功能表达，产生出所需要的药物。其基本操作程序主要有：

（1）目的基因的获得。可通过人工合成法，或从生物基因组中，通过酶切消化或 PCR 扩增等方法，分离出带有目的基因的 DNA 片段。

（2）构建 DNA 重组体。在体外将带有目的基因的外源 DNA 片段连接到能够辅助，并具有选择性标记的载体 DNA 分子上，形成完整的重组 DNA 分子。

（3）DNA 重组体引入受体细胞。将 DNA 重组体转入适当的受体细胞（宿主菌），进行自我复制或增殖，形成 DNA 的无性繁殖系统。

（4）筛选、鉴定和分析转化细胞（工程菌）。从大量的细胞繁殖群体中，筛选出获得重组 DNA 分子的受体细胞（工程菌）进行克隆化培养，然后培养出克隆株，提取出重组质粒，分离已经得到扩增的目的基因，再分析测定其基因序列。

（5）构建工程菌。将目的基因导入适宜的载体细胞中，经反复筛选、鉴定和分析，最终获得正确、稳定、高效表达的基因工程细胞（菌）。

（6）大量培养基因工程菌，使之在新的遗传背景下实现功能表达，产生出所需要的目的基因产物。

（7）表达产物的提取、分离和纯化。

（8）产品的检验、包装等。

（三）基因工程制药的关键技术

1. 目的基因的获得

应用基因工程技术生产新型药物，首先必须构建一个特定的目的基因无性繁殖系，即产生各种新药的不同的基因工程菌株。来源于真核细胞的生产基因工程药物的目的基因，是不能进行直接分离的。真核细胞中单拷贝基因只是染色体 DNA 中很小的一部分，为其 10^{-5}～10^{-7}，即使多拷贝基因也只有其 10^{-3}，因此从染色体中直接分离纯化目的基因极为困难。另外，真核基因内一般都有内含子序列，如果以原核细胞作为表达系统，即使分离出真核基因，由于原核细胞缺乏 mRNA 的转录后的加工系统，真核基因转录的 mRNA 也不能加工、拼接成为成熟的 mRNA，因此不能直接克隆真核基因。目前克隆真核基因最常用的方法有反转录法和化学合成法两种。

（1）反转录法。反转录法也称为酶促合成法，就是先分离纯化目的基因的 mRNA，再反转录成 cDNA，然后进行 cDNA 的克隆表达。为了克隆编码某种特异蛋白质多肽的 DNA 序列，可以从产生该蛋白质的真核细胞中提取 mRNA，以其为模板，在反转录酶的作用下，反转录合成该蛋白质 mRNA 互补的 DNA（cDNA 第一链），再以 cDNA 第一链为模板，在反转录酶或 DNA 聚合酶 I （或者 Klenow 酶大片段）作用下，最终合成编码该多肽的双链 DNA 序列。由于 cDNA 与模板 mRNA 核苷酸序列是严格互补的，因此 cDNA 序列只反映基因表达的转录及加工后产物所携带的信息，即 cDNA 序列只与基因的编码序列有关，不含内含子。这是制取真核生物目的基因常用的方法。

（2）化学合成法。较小的蛋白质或多肽的编码基因可以用人工化学合成法合成。化学合成法有个先决条件，就是必须知道目的基因的核苷酸序列，或者知道目的蛋白质的氨基酸序列，再按相应的密码子推导出 DNA 的碱基序列。用化学合成目的基因 DNA 不同部位的两条链的寡核苷酸短片段，再退火成为两端形成黏性末端的 DNA 双链片段，然后将这些双链片段按正确的次序进行退火连接成较长的 DNA 片段，再用连接酶连接成完整的基因。

人工化学合成基因的限制主要有：一是不能合成太长的基因。目前 DNA 合成仪合成的寡核苷酸片段长度仅为 50～60bp，因此此方法只适用于克隆小分子肽的基因。二是人工合成基因时，遗传密码的简并会为选择密码子带来很大困难，如用氨基酸顺序推测核苷酸序列，得到的结果可能与天然基因不完全一样，易造成中性突变。三是费用较高。

2. 目的基因的体外重组

DNA 体外重组是指将目的基因（外源 DNA 片段）用 DNA 连接酶在体外连接到合适的 DNA 载体上，这种重新组合的 DNA 称为重组 DNA。DNA 体外重组技术主要依赖于限制酶和 DNA 连接酶的作用。

3. 重组体导入受体细胞

将带有外源目的 DNA 的重组体导入适当的宿主细胞进行繁殖，获得大量纯的重组体 DNA 分子，此过程即为基因扩增。只有将携带目的基因的重组体

DNA 引入适当的受体（宿主）细胞中，进行增殖并获得预期的表达，才算实现了目的基因的克隆。

4. 重组体的筛选、鉴定和分析

在转化子中，真正含有重组 DNA 分子的比例很少，为了将含有外源 DNA 的宿主细胞分离，需要设计一系列筛选重组体宿主的克隆方案，并加以验证。重组体的鉴定可以从直接或间接两个方面分析，可从 DNA、RNA 和蛋白质三个水平方向进行。筛选方法的选择和设计可根据载体、受体细胞和外源基因三者的不同遗传与分子生物学特性来进行。

为了确定所构建的重组 DNA 的结构和方向，或对突变进行定位和鉴定，以便进一步对重组 DNA 进行分析，改造并提高目的基因的表达水平，必须对重组 DNA 中的局部区域进行核苷酸序列分析。

5. 目的基因在宿主细胞中的表达

基因表达是指结构基因在生物体内的转录、翻译以及所有加工过程。基因工程中基因高效表达研究是指外源基因在某种细胞中的表达活动，即剪切下一个外源基因片段，拼接到另一个基因表达体系中，使其能获得既有原生物体活性又可高产的表达产物。

进行基因表达研究，人们关心的问题主要是目的基因的表达产量、表达产物的稳定性、产物的生物学活性和表达产物的分离纯化。因此在进行基因表达设计时，必须综合考虑各种影响因素，建立最佳的表达体系。

（1）宿主细胞的选择。

目的基因获得后，必须在合适的宿主细胞中进行表达，才能获得目的产物。宿主细胞应满足以下要求：容易获得较高浓度的细胞；能利用易得廉价的原料；不致病，不产生内毒素；发热量低，需氧低，适当的发酵温度和细胞形态；容易进行代谢调控；容易进行 DNA 重组技术操作；产物的产量、产率高，产物容易提取纯化。

用于基因表达的宿主细胞分为两大类：第一类为原核细胞，目前常用的有大肠杆菌、枯草芽孢杆菌、链霉菌等；第二类为真核细胞，常用的有酵母、丝状真菌、哺乳动物细胞等。

（2）大肠杆菌体系中的基因表达。

大肠杆菌作为外源基因的表达宿主，遗传背景清楚，技术操作简便，培养条件简便，大规模发酵经济，因此备受遗传工程专家的重视。目前大肠杆菌是应用最广泛、最成功的表达体系，并常常作为高效表达的首选体系。

真核基因要在大肠杆菌中复制与表达，必须有合适的表达载体把真核基因导入宿主菌中，然后将外源基因表达成为蛋白质。在基因工程药物制备过程中常用的表达载体系统有：

pBV220 系统：这是一个使用比较多的载体系统。已经成功地表达了 IL－2、IL－3、IL－4、IL－6、IL－8、α－干扰素、TNF、G－GSF、GM－CSF 等多种细胞因子药物的制备。pBV220 载体系统由六部分所组成：来源于 pUC8 的多克隆位点、核糖体 rrnB 基因终止信号、pBR322 第 4245～3735 位、pUC18 第 2066～680位、λ－噬菌体 cIts857 抑制子基因及 P_R启动子、pRC23 的 P_L及 SD 序列。该载体系统的宿主菌可以是大肠杆菌 HB101、JM103、C600 等。质粒拷贝数较多，小量快速抽提即可以满足研究及生产过程中检测和鉴定的需要。

pET 系统：本系统具有较大的潜力，其插入基因的转录和翻译系统来源于 T7 噬菌体。表达由位于宿主细胞染色体上的 T7－RNA 聚合酶控制，T7－RNA 聚合酶启动子为 lacUV5，由 IPTG 诱导。克隆宿主可用大肠杆菌 K12 系的 HB101、JM103 等，该系统在克隆宿主细胞中的表达不会造成细胞损伤。

外源基因表达产物的产量与单位容积产量正相关，而单位容积产量与细胞浓度和每个细胞的平均表达产量正相关。细胞浓度与生长速率、外源基因拷贝数和表达产物量之间存在动态平衡，只有保持最佳的动态平衡才能获得最高产量。单个细胞的产量又与外源基因的拷贝数、基因表达的效率、表达产物的稳定性和细胞代谢负荷等有关，因此必须从上述因素着手，寻找提高基因表达效率的有效途径。

（3）酵母中的基因表达。

随着各种酵母的构建和酵母转化技术的建立，酵母体系中的基因表达研究发展较快。和其他表达系统一样，酵母表达系统也包括载体、启动子等控制序列和宿主细胞三个主要部分。

酵母载体可以携带外源基因在酵母细胞中保持和复制，并随酵母分裂遗传到子代细胞的 DNA 或 RNA 单位中。

从大肠杆菌中制备质粒比从酵母中容易，因此酵母质粒的加工制备大部分是通过大肠杆菌进行的，只有在最后阶段才转入酵母中。

（4）动物细胞中的基因表达。

哺乳动物细胞由于外源基因的表达产物可由重组转化的细胞分泌到培养液中，细胞培养液的成分完全由人工控制，从而使产物的纯化变得很容易。动物细胞分泌的基因产物是糖基化的，接近或类似于天然产物。但动物细胞生长慢，因而单位体积生产率低，而且培养条件要求苛刻，费用高，培养浓度较小，再加上目前用于表达外源基因的细胞均为传代细胞，一般认为传代细胞均是恶性化细胞，所以对使用这类细胞生产重组 DNA 产品是否存在致癌的问题尚有疑问。

6. 基因工程菌的发酵培养与药物生产

采用基因重组技术构建的基因工程菌或细胞，由于它们携带有外源基因的重组载体，所表达的产物是相对独立于染色体之外的重组质粒上的外源基因所合成的，宿主细胞本身并不需要这些蛋白质，因而对其进行培养和发酵的工艺技术与通常采用单纯的微生物细胞（或真核细胞）的工艺技术有许多差别。基因工程菌（细胞）培养与发酵的目的是使外源基因能够高效表达，以便获得大量的外源基因产物。因此，培养设备和条件控制以满足获得高浓度的受体细胞和高表达的目的基因产物为条件。

外源基因的高效表达，涉及宿主、载体和克隆基因三者之间的相互关系，而且与环境条件密切相关。因此，必须对外源基因表达的因素进行研究、分析和优化，探索适合于外源基因高效表达的培养和发酵工艺。

二、细胞工程制药

细胞工程是以细胞为单位，按人们的意志，应用细胞生物学、分子生物学等理论和技术，将组织或细胞从机体内取出，在体外模拟机体体内的生理条件进行培养，使之生存和生长，并且有目的地进行精心设计，精心操作，使细胞的某些遗传特性发生改变，从而达到改良或产生新品种的目的，以及使细胞增加或重新获得产生某种特定产物的能力，从而在立体条件下进行大量培养、增殖，并提取出对人类有用的产品。这是一门应用科学和工程技术，包括真核细胞的基因重组、导入、扩增和表达的理论和技术，细胞融合的理论和技术，细胞器特别是细胞核移植的理论和技术，染色体改造的理论和技术，转基因动、植物的理论和技术，细胞大量培养的理论和技术，以及将有关产物提取纯化的理论和技术。

利用细胞工程产生药物已经成为现代生物技术制药的主体，成为许多国家一个重要的新兴产业。

（一）细胞工程制药的基本原理

细胞工程制药是利用动、植物细胞规模化培养生产生物药物的技术。利用动物细胞培养可产生人类生理活性因子、疫苗、单克隆抗体等产品；利用植物细胞培养可大量生产经济价值较高的植物有效成分，也可生产人活性因子、疫苗等重组 DNA 产品。目前重组 DNA 技术已经可以用来构建能高效生产药物的动、植物细胞株系或构建能产生原植物中没有的新结构化合物的植物细胞系。它主要研究动、植物细胞高产细胞株系的筛选、培养条件的优化以及产物的分离纯化等问题。

1. 动物细胞工程制药

动物细胞培养技术是指将动物细胞或组织从机体内取出，在人工条件下（设定 pH、温度、溶解氧、发酵工艺等因素）的生物反应器中高密度、大规模培养有用的动物细胞，以生产珍贵的生物制品或细胞本身的技术手段。动物细胞培养技术起源于 19 世纪末期，而其应用于药物生产则始于 20 世纪 50 年代。随着杂交瘤细胞技术和基因工程技术的问世和发展，利用动物细胞培养生产药物的技术也得到了迅速发展，已经成为生物制药领域中一种非常重要的方法。

2. 植物细胞工程制药

植物是天然产物的主要来源，目前已知的天然化合物中 80% 以上来自植物，而且天然物质由于结构复杂，大部分很难用人工方法进行合成。此外，人类对植物资源的使用需求，造成了对天然植物资源的掠夺性开发，许多植物药物的天然资源已近枯竭，植物的栽培周期较长，使得高经济价值的天然化合物的发现和利用尤为困难。

植物细胞工程是一门以植物组织和细胞的离体操作为基础的实验性学科，是在植物组织细胞培养技术的基础上发展起来的。植物组织培养是建立在细胞学说、细胞全能理论的基础上的。植物细胞培养的基本理论和技术与植物组织培养基本一致，主要不同在于植物细胞培养的对象是各种不同形式的植物细胞，其主要目的是获得各种植物细胞，或植物细胞的各种代谢产物。

（二）动物细胞培养制药的基本过程

细胞培养制药是一项复杂的系统工程，需要系列的工艺过程。动物细胞培养制药首先涉及的就是细胞体外培养的一些基本原理和操作，这些和普通的细胞或组织体外培养技术基本一致。

1．生产用动物细胞的获得

生产用动物细胞的要求：从培养技术要求方面看，要具有连续生产的能力，目的产物产量高，培养条件易于控制的细胞系，符合生产药品的要求。

可用作生产用的细胞主要有：

（1）原代细胞：直接从动物组织中分离得到的细胞，或经过粉碎消化而获得的细胞悬浮液。它与体内细胞类似，生长分裂不旺盛。使用较多的是鸡胚细胞、兔或鼠肾细胞、血液的淋巴细胞。现在这类细胞主要用于药物检测实验及相关药理研究。

（2）二倍体细胞系：原代细胞经过传种、筛选、克隆，从而从多种细胞成分的组织中挑选并纯化出其中具有一定特征的细胞株。

（3）转化细胞系：通过某个转化过程形成，由于染色体的断裂而变成异倍体，失去了正常细胞的特点，获得无限增殖能力的细胞系。

（4）工程细胞系：指生产中常采用的融合细胞或基因工程构建的细胞。

2．动物细胞大规模培养的方法

（1）悬浮培养：让细胞自由地悬浮于培养基内生长增殖。优点：操作简单，培养条件比较均一，传质和传氧较好，容易扩大培养规模，在培养设备的设计和实际操作中可借鉴许多有关细菌发酵的经验；不足之处：由于细胞体积较小，较难采用灌流培养，因此细胞密度较低。通常用通气搅拌罐式反应器和气升式生物反应器培养。

（2）贴壁培养：是必须让细胞贴附在某种基质上生长繁殖的培养方法。优点：适用的细胞种类广，较容易采用灌流培养的方式使细胞达到高密度；不足之处：操作比较麻烦，需要适合的贴附材料和足够的面积，培养条件不易均一，传质和传氧较差。通常用固定床生物反应器培养。

（3）贴壁—悬浮培养：微载体培养。理想微载体条件：微载体表面性质与细胞有良好的相容性，适合让细胞附着、伸展和增殖；微载体的材料无毒性，是惰性的；微载体溶胀后质地均一，适合让细胞附着；具有良好的光学透明性；基质的性质最好是软性的；可耐高压蒸汽灭菌；经简单处理可反复使用；原料充分、制作简单、价廉。

（4）包埋和微囊培养：载体材料有三类，包括人工合成高分子、糖类、蛋白质，最常用的是琼脂糖和海藻酸钙凝胶。优点：包埋在载体内的细胞可获得保护，避免剪切力的损害；可获得较高的细胞密度；有利于下游纯化；可采用多种生物反应器进行大规模生产。

（5）结团培养：用细胞本身作为基质，相互贴附。

3. *动物细胞培养的操作方式*

动物细胞培养的操作方式有：分批培养、半连续式培养、连续式培养、灌流式培养。

（1）分批培养：生长和生产并进；先生长后生产。分批式培养是指先将细胞和培养液一次性装入反应器内进行培养，使细胞不断生长，同时产物也不断生成，经过一段时间的培养后，终止培养。在细胞分批培养过程中，不向培养系统补加营养物质，而只向培养基中通入氧，能够控制的参数只有 pH 值、温度和通气量。因此，细胞所处的生长环境随着营养物质的消耗和产物、副产物的积累时刻都在发生变化，不能使细胞自始至终处于最优的条件下，因而分批培养并不是一种理想的培养方式。

（2）半连续式培养：是当细胞和培养基一起加入反应器后，在细胞增长和产物形成的过程中，每隔一段时间，取出部分培养物，或单纯的条件培养基，或连同细胞、载体一起取出，然后补充同样数量的新鲜培养基，或另加新鲜载体，继续培养。它是在分批式培养的基础上，将分批培养的培养液部分取出，并重新补充加入等量的新鲜培养基，从而使反应器内培养液的总体积保持不变的培养方式。

（3）连续式培养：是指将细胞种子和培养液一起加入反应器内进行培养，一方面将新鲜的培养液不断加入反应器内，另一方面又将反应液连续不断地取出，使反应条件处于一种恒定状态。与分批式培养不同，连续式培养可以保持细胞所处环境条件长时间的稳定，可以使细胞维持在优化的状态下，促进细胞的生长和产物的生成。由于连续式培养过程可以连续不断地收获产物，并能提高细胞密度，在生产上已被应用于培养悬浮型细胞。动物细胞的连续式培养一般是采用灌注培养。灌注培养是把细胞接种后进行培养，一方面连续往反应器中加入新鲜的培养基，同时又连续不断地取出等量的培养液，但是过程中不取出细胞，细胞仍留在反应器内，使细胞处于一种营养恒定的状态。高密度培养动物细胞时，必须确保补充给细胞足够的营养以及除去有毒的代谢物。通过调节添加新鲜培养液的速度，使培养保持在稳定的、代谢副产物低于抑制水平的状态。采用此法，可以大大提高细胞的生长密度，有助于产物的表达和纯化。

（4）灌流式培养：是当细胞和培养基一起加入反应器后，在细胞增长和产物形成过程中，不断地将部分条件培养基取出，同时不断地补充新鲜培养基。与半连续式培养不同的是：取出部分条件培养基时，绝大部分细胞仍保留在反应器内，而半连续式培养的是同时取出部分细胞。优点：细胞可处在较稳定的良好环境中，营养条件较好，有害代谢废物浓度较低；可极大地提高细胞密度；产品在罐内停留时间缩短，可及时收留在低温下保存，有利于产品质量的提高；培养基的消耗率较低，加之产量、质量的提高，生产成本明显降低。

4. 培养过程中的调控

生物产品的生产过程是非常复杂的生物化学反应过程。为了使生产过程达到预期的目的，获得较高的产品得率，需要实时检测培养过程中营养消耗、代谢废物及目标产物的积累情况，及时了解生物代谢中各种参数的变化情况，结合代谢控制理论，才能有效提高目标产物的产量。常用的检测项目有细胞生长检测、影响细胞培养的理化因素监测等。一般可以直接在线实时监测，也可以采用取样离线检测的方法。

5. 动物细胞大规模培养的工艺

大规模动物细胞培养的工艺流程为：先将组织切成碎片，然后用溶解蛋白质的酶处理得到单个细胞，收集细胞并离心。获得的细胞植入营养培养基中，使之增殖至覆盖瓶壁表面，用酶把细胞消化下来，再接种到若干培养瓶中以扩大培养，获得的细胞可作为“种子”进行液氮保存。需要时，从液氮中取出一部分细胞解冻，复活培养和扩大培养，之后接入大规模反应器进行产物生产。需要诱导的产物或者经过病毒感染后才能得到产物的细胞，需在生产过程中加入适量的诱导物或感染病毒，再经分离纯化获得目的产物。

动物细胞培养中，易出现微生物的污染，导致培养失败。因此，在动物细胞培养时，应严格遵守无菌操作规程，定期对培养环境进行消毒，保证环境清洁无菌。对所用的器皿设备，应根据不同材料选用合适的灭菌方法；培养所用的试剂、培养基要除菌，除菌后的培养基应进行无菌检查，并将无菌技术贯穿于整个生产过程。

（三）植物细胞培养制药的基本过程

利用植物细胞培养技术生产天然药物，不仅能有效保护天然药用植物资源不受破坏，而且能使植物药更好地满足人们的需要。它将促进我国重要原料和药材新生产方式的形成，给传统的中药产业带来巨大的变革，对于中药走向现代化、走向世界均会产生积极的作用。

植物细胞培养与微生物细胞培养类似，可采用液体培养基进行悬浮培养。植物组织细胞的分离，一般采用次亚氯酸盐的稀溶液、福尔马林、酒精等消毒剂对植物体或种子进行灭菌消毒。种子消毒后放置在无菌环境中发芽，将其组织的一部分放在半固体培养基上培养，随着细胞增殖形成不定型细胞团（愈伤组织），将此愈伤组织移入液体培养基振荡培养。如植物体也可采用同样的方法将消毒后的组织片愈伤化，再用液体培养基振荡培养，愈伤化时间随植物种类和培养基条件而异，慢的需几周以上，一旦增殖开始，就可用反复进行继代培养加快细胞增殖。继代培养可采用试管或烧瓶等作为容器，大规模的悬浮培养可用传统的机械搅拌发酵罐、气升式发酵罐。

植物细胞培养制药的基本过程可用下图表示：

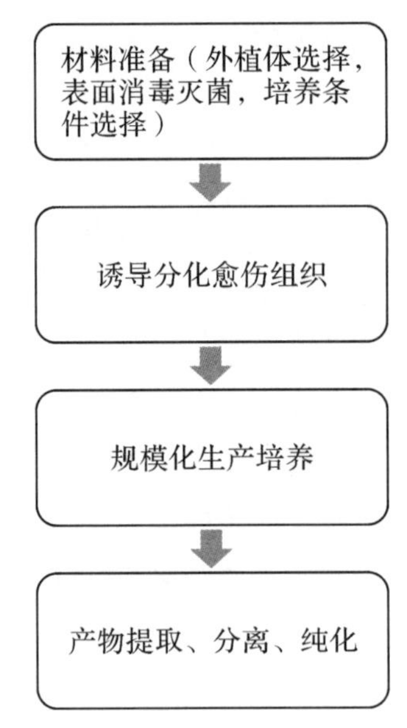

其中在进行外植体选择时需要注意以下一些情况：一是药用植物及其成分的药效需要肯定；二是对有效成分有充分的了解；三是有效成分的分析测定方法必须完备；四是该有效成分必须有利用价值，如市场短缺，或价格昂贵。

接种时外植体的大小和形状取决于实验目的及对外植体的要求。对仅用于诱导愈伤组织的外植体，材料大小并无严格限制，只要将茎的切段、叶、根、花、果实、种子或其中的某种组织切成一片片或小块接种于培养基上就可以了。而切块的具体大小可以考虑在0.5cm左右，太小产生愈伤组织的能力弱，太大在培养基上占的地方太多，所以大小应以适当为宜。假如是想定量地研究愈伤组织的发生，那么对外植体的要求会比较严格，不但大小必须一致，形状和组成也要基本相同。只有这样，才好平行地比较实验的结果。用于进行这类研究的实验材料，也要求有较大的组织块，如块状的胡萝卜的肉质根，马铃薯的块茎等，以保证能提供足够数量和内容一致的培养材料。

植物细胞培养的方法较复杂，根据培养对象，可分为原生质体培养和单细胞培养；根据培养基类型，可分为固体培养和液体培养；根据培养规模大小，可分为小规模培养和大批量培养；根据培养方式，可分为悬浮培养、平板培养、看护培养及固定化细胞培养等。

1. 固体培养

固体培养的培养基是在液体培养基中加入一定量的凝固剂配制而成。常用的凝固剂为琼脂，偶尔也使用明胶、硅胶、比丙烯酰胺或泡沫塑料作为凝固剂。固体培养操作简便，对实验设备要求简单，只要具备一间小的培养室及接种箱等设备即可开展工作。但缺点是，外植体或愈伤组织只有一部分表面能接触培养基，当外植体周围的营养被吸收后就容易造成培养基中营养物质的浓度差异，影响组织的生长速度。同时，外植体插入培养基的部分，常因气体交换不畅及排泄物质（如分泌单宁酸等褐色物质）的积累而影响组织的吸收或造成毒害。另外，还有像光线分布不均匀及很难产生均匀一致的细胞群体等缺点。尽管如此，但由于它的使用方法简便，目前仍是一种重要的，采用较为普遍的组织培养方式。

2. 液体培养

液体培养可分为静止液体培养和振荡液体培养。

静止液体培养的方法亦很简单，即在试管里通过滤纸桥把培养物支持在液面上，通过滤纸的吸收和渗透作用来保证不断地为培养物提供水分和养料。在花药培养中有人让花药直接飘浮在液面上，这也是一种静止液体培养的方式。静止液体培养这种方法目前并不普遍。

振荡液体培养的特点就在“振荡”二字上，顾名思义，这一方法就是使外植体在液体培养基中不断转动。振荡的方式有连续浸没及定期浸没两种。前者通过搅动或振动培养液来使组织悬浮于培养基中。为了保证有最大的气相表面，造成较好的通气条件，一般要求培养液的体积只占容器体积的1/5。进行中小量振荡培养时，可采用磁力搅拌器，其转速约在250r/min。如果培养体积较大，就应采用往复式摇床或旋转式摇床，振动速度一般为 50 ～ 100r/min。在定期浸没振荡液体培养中，培养的组织块可定期交替地浸在液体里及暴露在空气中，这样更有利于培养基的充分混合及组织块的气体交换。进行定期浸没振荡培养的仪器是转床。转床是在一个略为倾斜（12°）的轴上平行排列着多个转盘，转盘上装有固定瓶夹，培养瓶（用 T 形管或奶头瓶）就固定在瓶夹上，转盘向一个方向转动时，培养瓶也随之转动，这时瓶内的材料也随着转动而交替于空气和液体之中。

3. 单细胞培养

是按培养的对象来分的，虽然它的培养方式也有固体或液体的，但由于方法较为专用，为方便起见故也归为一类。细胞培养是从不同植物中获得单细胞无性系并进行细胞杂交及研究细胞的脱分化和再分化的重要方法。从分散性较好的愈伤组织或悬浮培养物制备的单细胞或用纤维素酶和果胶酶从植物组织中直接制备的单细胞，均可以通过平板培养、看护培养、微室培养（包括悬滴培养）等方法来获得单细胞的无性繁殖并进一步应用于其他研究中。

4. 药用植物细胞大规模培养

目前用于植物细胞大规模培养的技术主要有植物细胞的大规模悬浮培养和植物细胞或原生质体的固定化培养。

植物细胞的大规模悬浮培养：悬浮培养通常采用水平振荡摇床，该摇床可变转速为 30 ～150 r/min，振幅为 2 ～4 cm，温度为 24℃～30℃。适合愈伤组织培养的培养基不一定适合悬浮细胞培养。悬浮培养的关键就是要寻找适合悬浮培养物快速生长、有利于细胞分散和保持分化再生能力的培养基。

植物细胞或原生质体的固定化培养：由于固定化植物细胞比自由细胞悬浮培养多了许多优点，有较多的机械性、较高的产率、更长的稳定期（即生产期），因此，通常采用固定化技术进行细胞培养，即植物细胞固定化和原生质体的固定化培养。植物细胞的固定化常采用海藻酸盐、卡拉胶、琼脂糖和琼脂材料，均采用包埋法，其他方式的固定化植物细胞很少使用。原生质体比完整的细胞更脆弱，因此，只能采用最温和的固定化方法进行固定化，通常也是用海藻酸盐、卡拉胶和琼脂糖进行固定化。

目前，在大规模的植物细胞悬浮培养中，为了提高生物量和次生代谢产物量，一般采用二阶段法。第一阶段尽可能快地使细胞量增长，可通过采用生长培养基来完成。第二阶段是诱发和保持次生代谢旺盛，可通过采用生产培养基来调节。因此在细胞培养的整个过程中，要更换含有不同品种和浓度的植物生长激素和前体的液体培养基。为了获得适合大规模悬浮培养和生长快速的细胞系，首先要对细胞进行驯化和筛选，把愈伤组织转移到摇瓶中进行液体培养，待细胞增殖后，再把它们转移到琼脂固体培养基上。经过反复多次驯化、筛选得到的细胞株，比未经过驯化、筛选的原始愈伤组织在悬浮培养中的生长速度快得多。

三、微生物发酵工程制药

微生物发酵工程制药是指利用微生物技术，通过高度工程化的新型综合技术，以利用微生物反应过程为基础，依赖于微生物机体在反应器内的生长繁殖及代谢过程来合成一定产物，通过分离纯化进行提取精制，并最终制剂成型来实现药物产品的生产。

微生物发酵工程制药是指利用微生物的代谢过程生产药物的技术。此类药物有抗生素、维生素、氨基酸、核酸有关物质、有机酸、辅酶、酶抑制剂、激素、免疫调节物质以及其他生理活性物质。主要研究微生物菌种的筛选和改良、发酵工艺、产品后处理即分离纯化等问题。当今重组 DNA 技术在微生物菌种改良中起着越来越重要的作用。微生物发酵工程制药主要通过以下几种方式进行：

微生物菌体发酵：以获得具有药用菌体为目的的发酵。如帮助消化的酵母菌片和具有整肠作用的乳酸菌制剂等，还有近年来研究日益受到关注的药用真菌。如香菇、灵芝、金针菇、依赖虫蛹而生存的冬虫夏草以及与天麻共生的密环菌等药用真菌，它们对医疗事业的发展产生了良好的效果。

微生物发酵：目前许多医药用酶制剂是通过微生物发酵制得的，如用于抗癌的天冬酰胺酶和用于治疗血栓的纳豆激酶和链激酶等。

微生物代谢产物发酵：微生物发酵中产生的各种初级代谢产物，如氨基酸、蛋白质、核苷酸、类脂、糖类以及维生素等，和次级代谢产物，如抗生素、生物碱、细菌素等。

微生物转化发酵：微生物的转化就是利用微生物细胞中的一种酶或多种酶将一种化合物转变成结构相关的另一种产物的生化反应。包括脱氢反应、氧化反应（羟基化反应）、脱水反应、缩合反应、脱羧反应、氨化反应、脱氨反应和异构化反应等。如甾族化合物的转化和抗生素的生物转化等。

近年来，随着生物工程的发展，尤其是基因工程和细胞工程技术的发展，使得发酵制药所用的微生物菌种不仅仅局限在天然微生物的范围内，已建立起新型的工程菌株，以生产天然菌株所不能产生或产量很低的生理活性物质，拓宽了微生物制药的研究范围。

（一）微生物发酵工程制药的基本原理

微生物发酵工程制药是利用微生物进行药物研究、生产和制剂的综合性应用技术科学，研究内容包括微生物制药用菌的选育、发酵以及产品的分类和纯化工艺等。主要讨论各类药物发酵的微生物来源和改造、微生物药物的生物合成和调控机制、发酵工艺与主要参数的确定、药物发酵过程的优化控制和质量控制等。微生物发酵药物是运用微生物学和生物化学的理论、方法和研究成果，从微生物菌体或其发酵液中分离、纯化得到的一些重要生理活性物质。微生物药物可分为以下几类：以微生物菌体为药品、以微生物酶为药品、以菌体代谢产物或代谢产物的衍生物作为药品以及利用微生物酶特异性催化作用的微生物转化获得药物等，包括微生物菌体、蛋白质、多肽、氨基酸、抗生素、维生素、酶与辅酶、激素以及生物制品等。这些物质在维持生命正常活动的过程中非常重要。其中伴随着生物学、生物化学、免疫学和生物技术的发展，生物制品的内容不断得到充实，从微生物制药学的角度出发，生物制品可以定义为用微生物即微生物产物或动物血清制成的用于预防、诊断和治疗的制品。在生物制品的制造过程中，越来越多地涉及到微生物学领域。

（二）微生物发酵工程制药的基本过程

微生物发酵工程制药就是利用制药微生物，通过发酵培养，在一定条件下，生长繁殖，同时在代谢过程中产生药物，然后，从发酵液中提取分离、纯化精制，获得药品。菌株选育、发酵和提炼是发酵制药的三个主要工段。主要工艺过程如下：

生产菌种选育与保存：菌种选育使青霉素的产量由最初的 20 单位提高到 80000 单位以上。优良菌种应该高产、性能稳定、容易培养。

发酵阶段包括生产菌、孢子制备、种子制备、发酵培养，是生物加工工程过程。

孢子制备：保存的菌株，在固体培养基上复苏，生长产生孢子。

种子制备：将制备的孢子接到摇瓶或小发酵罐内培养，使孢子发芽繁殖。对于大型发酵，普遍采用 2 次扩大培养制备种子，最后接入发酵罐。

发酵培养：将种子以一定的比例接入发酵罐培养，是生产药物的关键工序。需要通气，搅拌，维持适宜的温度和罐压，发酵一定周期。期间，进行取样分析，无菌检查，产量测定。加入消泡剂、酸碱控制 pH，补充碳源、氮源和前体，促进产量。

分离纯化阶段包括发酵液处理与过滤、分离提取、精制、成品检验、包装、出厂检验，这是化学分离工程过程。

发酵液的预处理与过滤：使发酵液中的蛋白质和杂质沉淀，增加过滤流速，使菌丝体从发酵液中分离出来。如制霉菌素、灰黄霉素、曲古霉素、球红霉素药物存在于菌丝中，要从菌体中提取。如果存在于滤液中，需要澄清滤液，再进一步提取。

提取与精制：通过吸附、沉淀、溶媒萃取、离子交换等，从滤液中把药物提取出来。精制是指浓缩或粗制品进一步提纯并制成产品。可重复或交叉使用四种基本方法。

成品检验：包括性状及鉴别试验、安全试验、降压试验、热源试验、无菌试验、酸碱度试验、效价测定、水分测定等。

成品包装：将合格成品进行包装，为原料药。制剂由制剂车间或制剂厂负责分装。

1. 制药微生物的选择

工业生产中常用的微生物应易培养、产物转化率和成产率高、产物易分离提取、发酵液中无毒害成分、遗传性状比较稳定、生产工艺简单、培养费用低等。

根据资料直接向科研单位、高等院校、工厂或菌种保藏部门索取或购买，从大自然中分离筛选新的微生物菌种。新菌种的分离是指从混杂的各类微生物中依照生产的要求、菌种的特性，采用各种筛选方法，快速、准确地把所需要的菌种挑选出来。实验室或生产用菌种若不慎污染了杂菌，也必须重新进行分离纯化。

抗生素生产菌株的选择：工业化生产用菌株一般可以从菌种保存机构的已知菌种中分离，从在自然界中分离筛选和在生产过程中分离筛选有益的菌种中获得。目的不同，筛选的方案也不同。抗生素的主要来源目前应用最多的是放线菌、细菌和微观真菌。而进行新抗生素筛选时，应重视稀有放线菌的分离，因为在经典的筛选方法没有重大突破之前，研究人员发现链霉菌属中获得新抗生素越来越困难，而在稀有放线菌中却不断发现一些新的抗生素。另外，一些已知抗生素的生产菌和某些似乎不产生抗生素的菌株，应用先进的生物合成技术和遗传学新技术将它们合成为新的菌株，也可以产生新的抗生素或性能更为优异的抗生素类似物。不过如果要利用微生物发酵提高某种抗生素的产量，应选择至少会分泌少量抗生素的菌株作为出发菌株。

其他生理活性物质生产菌株的选择：筛选分泌某种特定成分的微生物时，一般都应根据所需物质的特性和微生物的性质制定筛选方案，因为各种物质的积累在不同微生物体内的代谢途径可能不同，例如在筛选能够积累不饱和脂肪酸的菌株时，筛选的方法是不饱和脂肪酸的含量越高，则凝固点越低，即细胞在较低温度下仍能表现出活力。在选择酶制剂时，初筛平板中应添加有相应酶的底物，以便根据透明圈或变色圈的大小来选择高产菌株。在选择氨基酸等代谢产物类药物时，一般用于诱变的出发菌株至少都应积累少量产物，而且高产菌株的一些脱氢酶活力要高，因此应选择能迅速使 TTC（氯化三苯基四氮唑）溶液变红、次甲基蓝褪色等的微生物。

2. 制药微生物菌种的选育

菌种选育在微生物制药工业生产上有着极其重要的作用，微生物制药工业发展过程与菌种选育研究紧密结合。目前工业生产所用的菌株绝大多数都是通过菌种选育从产量很低的原始菌株出发，经过多次选育得到的。另外，在生产过程和菌株保藏过程中菌种都不可避免地出现了一些退化，这就需要经常对生产菌株进行选育复壮，否则将严重影响生产的顺利进行。菌种选育是微生物药物生产的基础工作，是确保正常生产的关键，只有将菌种选育工作做好，才能提高产量和产品质量，降低生产成本，开发出新产品。

药物高产菌种或分泌新型特效药物菌株的选育，包括自然选育和人工选育两种方法，后者又分为诱变育种、杂交育种和基因工程育种等方法，其育种的原理都是通过基因突变或重组来获得优良菌株。自然选育就是在生产过程中利用微生物自然突变来进行优良品种选育的过程，自然突变的频率一般较低，在大量的生产实践中，这种突变在形成有利突变的同时，也会出现不利突变，不利突变菌株往往会导致生产性能下降，因而生产菌在使用一段时间后，需要进行纯化和淘汰衰退的菌株，同时分离出优良的菌株。自然选育目前主要用于纯化菌种、选育高产菌株和复壮生产菌株。

工业上的生产用菌株都是经过选育的。工业菌种的育种是运用遗传学原理和技术对某个用于特定生物技术目的的菌株进行的多方位的改造。通过改造，可使现存的优良性状强化，去除不良性质或增加新的性状。

工业菌种育种的方法：诱变、基因转移、基因重组。

工业菌种育种过程包括下列三个步骤：①在不影响菌种活力的前提下，引入有益基因型。②选出希望基因型。③对改良菌种进行评价（包括实验规模和工业生产规模）。

选择育种方法时需综合考虑的因素：①待改良性状的本质及与发酵工艺的关系（例如分批或者连续发酵试验）。②对这一特定菌种的遗传和生物化学方面的认识程度。③经济费用。如果对特定菌种的基本性状及其工艺知晓甚少，则多半采用随机诱变、筛选及选育等技术；如果对特定菌种的遗传及生物化学方面的性状已有较深的认识，则可选择基因重组等手段进行定向育种。

工业菌种的具体改良思路：①解除或绕过代谢途径中的限速步骤（通过增加特定基因的拷贝数或增加相应基因的表达能力来提高限速酶的含量；在代谢途径中引申出新的代谢步骤，由此提供一个旁路代谢途径）。②增加前体物的浓度。③改变代谢途径，减少无用副产品的生成以及提高菌种对高浓度的有潜在毒性的底物、前体或产品的耐受力。④抑制或消除产品分解酶。⑤改进菌种外泌产品的能力。⑥消除代谢产品的反馈抑制，如诱导代谢产品的结构类似物抗性。

3. 微生物菌株的保藏

微生物制药生产水平的高低与菌种的性能质量有直接关系，优良性能的生产菌种需要妥善地保管，菌株保藏的目的在于保持菌种的活力以及优良性能。由于菌种长期保存在一般培养基中会引起菌种的退化，甚至死亡，所以设法保持菌种的活力是菌种保藏的首要任务。人们在长期的工作实践中，根据微生物的不同要求，在菌种保藏工作中不断摸索出各种方法，如传代培养保藏法、沙土保藏法、矿物油保藏法、真空冷冻干燥保藏法等。

4. 微生物制药的发酵工艺

微生物发酵过程是有效利用微生物的生长、代谢活动获得目的产物的过程。因此，微生物发酵的水平不仅取决于生产菌种自身的性能，而且要给予合适的环境条件，使菌种的生产能力充分表达出来。为了充分表达微生物细胞的生产能力，对于一定的微生物菌种而言，就是要通过各种研究方法了解其对环境条件的要求，如对培养基、培养稳定、pH、氧的需求等；还应深入了解生产菌的发育、生长和代谢等生物过程，为设计合理的生产工艺提供理论基础。同时，为了掌握菌种在生产过程中的代谢变化规律，应通过不同检测手段获得相关参数，并根据代谢变化控制发酵条件，使生产菌的代谢沿着人们需要的方向进行，以使生产菌种处于产物合成的优化环境中，达到预期的生产水平。

发酵性能测定：进行生产性能测定。这些特性包括形态、培养特征、营养要求、生理生化特性、发酵周期、产品品种和产量、耐受最高温度、生长和发酵最适温度、最适 pH 值、提取工艺等。

5. 发酵产物的提取分离纯化

在微生物发酵工程产品的生产过程中，分离和纯化是最终获得商业产品的重要环节，其所需费用也占了成本的很大部分。例如，在抗生素、乙醇、柠檬酸等的生产过程中，分离和精制部分占企业投资费用的 60%，而在基因工程菌的发酵生产中，纯化蛋白质的费用可占整个生产费用的 80%～90%。并且这种偏向还呈继续加剧的趋势。因此分离纯化技术的落后，会严重阻碍发酵工程技术的发展，使实验室成果无法转化成生产力。分离纯化技术的进步，对于提高发酵工程产品在国际经济市场中的竞争力至关重要。为表明其在发酵工程中的地位和重要性，相对于菌种选育和发酵生产这些上游技术，研究人员常把分离纯化技术称为“下游加工过程”。

发酵液是复杂的多相系统。分散在其中的固体和胶状物质具有可压缩性，其密度又和液体相近，加上黏度很大，属非牛顿性液体，从如此复杂的体系中分离所需的固体物质难度很大。

发酵工程产品的分离纯化不同于化学品的纯化生产，其主要特点是一般所需代谢产物在培养液中的浓度很低，并且稳定性低，对热、酸、碱、有机试剂、酶以及机械剪切力等均十分敏感，在不适宜的条件下很容易失活或分解。而培养液中杂质的含量却很高，如含有微生物细胞碎片、代谢产物、残留的培养基和超短纤维等，特别是基因工程菌多是用于生产外源蛋白质，发酵液中常常伴有大量性质相近的杂蛋白质。因此，在这样一个复杂的多相体系中，为了提取出高纯度的产品，研究先进的下游加工过程就是发酵工程工业化的关键。

另一个特点是下游加工过程的代价昂贵，其回收率往往不会很高，像抗生素在精制后一般要损失 20% 左右。这样，下游加工的成本就成了制约生产者提高经济效益的重要因素。下游加工过程研究的目的就是提高产品回收率，降低分离纯化成本，否则发酵工程就不可能有工业化经济效益。

下游加工技术的重要性使人们认识到，上游技术的发展应该注意到下游方面的困难，否则即使发酵液的产物浓度提高了，也仍然得不到产品。所以，上游要为下游的提取方便创造条件。例如，如何选育不产或少产与目标产物性质相近的杂质的菌种；将原来的胞内产物变为胞外产物或使其可以分泌到围膜间隙；在细胞内形成包涵体，在细胞破碎后，在低离心力条件下即能沉降；利用基因工程技术给尿抑胃素接上若干个精氨酸残基，使其碱性增加，容易被阳离子交换剂吸附；等等。这些都是针对下游加工工艺困难，从选育菌种着手的成功例子。

发酵工程下游加工过程的基本原理：

生物物质的分离方法与一般化学方法虽然有许多不同特点，但在原理上又有许多是相同的，这充分说明近代生物化学的发展与化学和物理学的关系密切。用于生物化学分离的制备技术大都是根据混合物中不同组分配率的差异，将其分配于可用机械方法分离的两个或几个物相中（如溶剂提取、盐析、结晶等），或将混合物置于某一物相中（主要是液相），外加一定的作用力，使各组分配于不同区域，而达到分离纯化的目的（如电泳、超离心、超滤等）。除了小分子物质如氨基酸、脂肪酸、固醇类及某些维生素外，几乎所有有机体中的大分子物质都不能融化和蒸发，只限于分配在固相和液相中。因此，可以人为地创造一定的条件，让这些大分子物质在这两相中交替转移，而达到纯化的目的。

由于所需的发酵代谢产品不同，如有的需要菌体，有的需要初级代谢产物，有的需要次级代谢产物等，而且对产品的质量也有不同的要求，所以分离纯化步骤可以有各种组合。但大多数发酵产品的下游加工过程，常常按生产过程的顺序分为四个大框架步骤，即发酵液的预处理和过滤、提取、精制、成品加工。

发酵液的预处理和过滤是指采用凝聚和絮凝等技术来加速固、液两相分离，提高过滤速度。为了减少过滤介质的阻力，可以采用错流膜过滤技术。如果是胞内产物，需要先进行细胞破碎，再分离细胞碎片。

初步纯化即提取，目的是除去与目标产物性质有很大差异的杂质，这一步可以使产物浓缩，并明显地提高产品质量。常用的分离方法有沉淀、吸附、萃取、超滤等。

高度纯化即精制，常采用对产品有高度选择性的分离技术，以除去与产物化学和物理性质相近的杂质。典型的纯化方法有层析、电泳、离子交换等。

进行成品加工是为了最终获得质量合格的产品，浓缩、结晶和干燥是这个环节中应用到的重要的技术。

总之，要最终获得发酵的代谢产物，必须有先进的下游加工技术做保障。

四、酶工程制药

酶是由生物体内活细胞产生的具有特殊催化功能的一类蛋白质，也被称为“生物催化剂”。酶催化的反应又称为“酶促反应”，是指反应物（或称底物）在酶的催化作用下所进行的反应。酶作为生物催化剂，具备一般催化剂的特性：参与化学反应过程时能加快反应速度；降低反应的活化能；不改变反应性质，即不改变反应的平衡点；反应前后数量和性质不变。除此之外，还具有其独自的特点：催化效率高；专一性强；反应条件温和；催化活性受到调节和控制。

酶工程是酶学和工程学相互渗透结合、发展而形成的一门新的技术科学。它是从应用的目的出发，研究、应用酶的特异性催化功能，并通过工程化将相应的原料转化成有用物质的技术。酶工程的内容主要有：酶的生产、分离纯化、酶的固定化、酶及固定化酶的反应器、酶与固定化酶的应用等。

（一）酶工程制药的基本原理

酶工程制药是将酶或活细胞固定化后用于药品生产的技术。它除了能全程合成药物分子外，还能用于药物的转化。主要研究酶的来源、酶（或细胞）的固定化、酶反应器及相应操作条件等。酶工程制药具有生产工艺结构紧凑、目的物产量高、产物回收容易、可重复生产等优点。

酶作为生物催化剂普遍存在于动物、植物和微生物中，可直接从生物体中分离提纯。早期酶的生产多以动物、植物为主要原料，如激肽释放酶、木瓜蛋白酶等。但是，随着酶制剂应用范围的不断扩大，靠动植物作为原料生产的酶已经不能满足实际需要。近年来，研究发展了利用动物、植物组织培养技术生产酶，但是其生产周期长、成本高，要进行工业化生产尚存在一系列的困难。现在更多的是利用微生物技术来生产酶。利用微生物技术生产酶具有如下优点：微生物种类多，以动物、植物作为原料生产酶，几乎都可以通过微生物获得；微生物繁殖快、生产周期短、培养简便，可以通过控制培养条件来提高酶的产量；微生物具有较强的适应性，通过各种遗传变异手段，能培育出新的高产菌株。目前工业化的酶的生产一般都使用微生物发酵的方法。

现代酶工程制药的基本技术主要包括酶和细胞的固定化技术、酶的化学修饰技术、酶法的手性药物合成技术等。

1. 酶和细胞的固定化技术

酶和细胞的固定化技术是指将酶或细胞通过物理或化学方法固定在水溶性或非水溶性的膜状、管状或颗粒状的载体上，成为固定化酶或固定化细胞。目前已经研制出的固定化酶或细胞有50多种，主要有三种类型：固定化单酶或含特定酶的细胞、固定化双酶、固定化各类酶构成的ATP再生系统。酶或细胞固定化的方法主要有：吸附、共价结合、包埋、选择性热变性、光照、辐射和定点固定化等，在制药工业中包埋这种方法应用得最多，其次为吸附。

固定化细胞包括微生物细胞（包括基因工程菌）、动物和植物细胞。植物细胞固定化一般采用包埋法，这在中药有效成分的生产应用上具有广阔的前景。至今研究成功的固定化植物细胞有固定化洋金花、烟草、胡萝卜等10多种。动物细胞固定化主要使用吸附法和包埋法，目前动物细胞微囊化固定是研究的热点，动物细胞固定化技术现已应用于药物筛选模型、单克隆抗体、白细胞介素、干扰素等药物的生产过程中。

2. 酶的化学修饰技术

酶的化学修饰技术是指利用化学手段将某些化学物质或基团连接到酶分子上，或将酶分子中的某些基团删除或置换掉，从而改变酶的理化性质，进而改变酶的催化性质。进行酶的化学修饰时常用的修饰剂主要有乙酸酐、磷氧酰氯、环氧丙烷、氮芥、重氮盐类、羟胺等。修饰酶的功能基团有氨基、羟基、咪唑基等可解离基团。酶的修饰方法主要有：①双功能试剂交联的方法，即利用某些双功能试剂分子两端的功能基团使酶分子内或分子间的两个游离基分别发生交联。②高分子结合法，酶与高分子化合物结合后，可增加酶的稳定性和活性，如交联后的α-半乳糖苷酶A，其稳定性和抗蛋白酶的特性均大大提高。

3. 酶法的手性药物合成技术

手性药物是指分子结构中存在手性因素的药物，通常所说的手性药物是指具有药理活性的手性化合物组成的药物，其中只含有有效对映体或者以有效对映体为主。由于手性化合物的两种对映体通常具有不同活性，因此制备对映体的手性化合物在生命科学、药物化学、精细化学、材料化学领域均具有重要意义。手性化合物的研究已经成为立体化学、药物化学研究中最重要、最活跃的部分。获得手性或光学活性化合物的方法主要包括：从天然产物中的光学活性化合物中获得或者经过化学改造合成；外消旋体的化学拆分技术；外消旋体的生物拆分技术；色谱分离法及不对称合成法。

酶法的手性药物合成技术主要包括酶催化的不对称合成及外消旋体的不对称拆分技术。手性药物的酶法合成所用的酶主要有蛋白水解酶、脂肪水解酶、氧化还原酶、纤维素酶、糖苷酶、淀粉酶等。主要的酶法的手性合成反应类型有水解、酰化、氧化、酯交换、氨解、环氧化、羟化、还原、磺化氧化等。酶法的手性药物合成技术已经成功应用于氨基酸、非甾体抗炎药、β-阻滞剂等手性药物的大规模生产。利用酶法的手性合成技术具有反应条件温和、催化效率高和专一性强等优点。利用酶法来生产手性药物成为当今生物技术的发展方向之一。

（二）酶工程制药的基本过程

现代酶工程技术具有技术先进、投资少、工艺简单、能耗低、产品收率和质量高、经济效益显著和污染小等特点，因而广泛用于制药工业。目前酶工程技术已成为新药开发和改造传统制药工艺的主要手段，利用酶工程转化生产的药物近百种，酶工程技术在制药工业中的应用主要体现在抗生素类、氨基酸类、有机酸类、维生素类、甾体类、核苷酸类药物的生产中。

在利用酶生产各类药物的过程中，酶反应几乎都是在水溶液中进行的，属于均相反应，具有自然简便的优点。但是在酶的使用过程中，这一方法也有一些不足之处：游离酶只能一次性使用，不仅会造成酶的浪费，而且会增加产品纯化的难度和费用，影响产品的质量。溶液酶不稳定，容易变性和失活。固定化酶可以较好地克服上述问题。该技术是将酶制剂制成既能保持其原有催化活性和稳定性，又不溶于水的固形物；既可像一般固定催化剂那样使用和处理，又可提高酶的利用率，进而降低药物的生产成本。与酶类似，细胞也能固定化，固定化细胞既具有细胞特性和生物催化的特性，也具有固相催化剂的特点。

固定化酶是指限制或固定于特定空间位置的酶，即采用物理或化学方法处理，使酶变成不易随水流失，即运动受到限制，而又能发挥催化功能的酶制剂。制备固定化酶的过程叫作酶的固定化。固定化所采用的酶，可以是经过提取分离后得到的有一定纯度的酶，也可以是结合在菌体（或死细胞）或细胞碎片上的酶或酶系。若直接将含酶或酶系的菌体或菌体碎片进行固定化，称之为固定化菌体或固定化细胞。

固定化酶既有生物催化剂的功能，又有固相催化剂的特性。此外，固定化酶可多次使用，提高了酶的稳定性；固定化酶催化化学反应后，酶、底物和产物易于分开，产物无酶残留，易于纯化，产品质量高，可实现催化反应的连续化和自动控制；酶的利用率大为提高，单位酶催化的底物量增加，用酶量明显减少。

酶的固定化方法根据使用的载体和操作条件的不同，分为载体结合法、包埋法和交联法三大类。

载体结合法是将酶结合于不溶性载体上的一种固定化方法，有物理吸附法、离子结合法和共价结合法等方法。物理吸附法是利用各种固体吸附剂将酶或含酶菌体吸附在其表面上从而使酶固定化的一种方法，吸附剂有无机类载体、天然高分子载体和疏水凝胶类载体等。离子结合法是通过离子键将酶结合于具有离子交换基的水不溶性载体或离子交换机上的固定化方法。共价结合法是通过共价键将酶和载体结合，或者将酶分子上的官能团和固相支持物的反应基团形成共价键连接的固定化方法。

包埋法是将酶或细胞包埋在各种多孔介质中，使酶固定化。包埋法一般不需要酶蛋白的氨基酸残基参与反应，具有很少改变酶的结构、反应条件温和、酶活性回收率较高、固定化时保护剂和稳定剂的存在不影响酶的包埋产率的优点。包埋法常用的多孔载体种类有琼脂、琼脂糖、海藻酸钠、角叉菜胶、明胶、聚丙烯酰胺、光交联树脂等。

交联法借助双功能或多功能试剂，使酶分子与酶分子或微生物细胞与微生物细胞之间发生交联作用，制成网状结构的固定化酶。交联法常用的功能试剂有戊二醛、乙二胺、顺丁烯二酸酐、双偶氮苯等。

此外，酶的固定化方法还有选择性热变性、定点固定化、无载体固定化、联合固定化、耦合固定化等。

目前固定化酶和细胞在生物制药上主要用于生产抗生素、氨基酸、酶制剂及手性药物合成等。

（1）抗生素的生产。

20 世纪 70 年代初，欧美国家已开始用特殊的合成树脂固定化青霉素酰化酶来生产 6 - APA，但价格昂贵，酶活力较低。我国关于固定化青霉素酰化酶的研究工作起步较晚，如今还要依靠进口价格昂贵的固定化载体或固定化青霉素酰化酶来满足半合成青霉素的生产需要。目前固定化酶在抗生素生产上的大规模应用主要有以下几种。

用于生产β－内酰胺类抗生素中间体：青霉素酰化酶在偏碱性的环境下，可以催化青霉素G和头孢菌素G水解，制备生产半合成β－内酰胺类抗生素所需要的中间体，如6－氨基青霉烷酸（6－APA）和7－氨基头孢烷酸（7－ADCA）。

用于生产半合成β－内酰胺类抗生素：固定化青霉素酰化酶在酸性环境下可催化6－氨基基霉烷酸（6－APA）、7－氨基头孢烷酸（7－ADCA）发生酰基化反应制备半合成抗生素，该方法具有稳定性好、转化率高、产品纯度高、污染少、成本低等优点。

（2）氨基酸的生产。

氨基酸主要通过发酵法和合成法生产，D－氨基酸一般通过光学拆分得到。D－氨基酰化酶通过立体专一性反应，利用化学合成的底物生产具有光学活性的D－氨基酸。目前D－氨基酸主要是利用基因重组工程技术构建高活性的氨基酰化酶工程菌连续拆分dl－蛋氨酸而制得。其生产工艺为：氨基酰化酶工程菌经发酵培养后，收集高活性的菌株，然后通过海藻酸钠包埋技术制备成固定化酶，再连续拆分dl－蛋氨酸。

（3）酶制剂的生产。

脂肪酶不仅能够催化酯的水解反应，而且能在有机溶剂中催化醇和酸的酯合成反应、酯交换反应、氨解反应、肽合成反应等。以CM－纤维素为载体的固定化的脂肪酶具有良好的酶学特性以及操作的稳定性，固定化后的脂肪酶活力较高，回收率高，最适温度和最适pH及稳定性均有所提高，酶和载体间的结合力强，还具有酶可以回收、重复使用、稳定、高产以及所得产品质量高等优点。固定化胰蛋白酶是人胰岛素固相酶促半合成转化中的催化剂，胰蛋白酶经固定化后，最适作用pH范围变窄，最适作用温度和Km值升高，热稳定性和酸碱稳定性均有所增强。

（4）手性药物的合成。

手性药物的临床意义已引起了人们的注意，并成为国际上药物开发的热点。世界范围内正在开发的药物中，约有1/3是手性药物，同时手性药物又是药品开发中的难点，往往是一种对映体具有很大的药用价值，而另一种对映体无效甚至具有毒副作用。如何从对映体中分离出或合成有效成分是研究人员目前面临的一大难题。青霉素酰化酶对L－氨基酸具有极高的选择性，在固定化青霉素酰化酶的作用下，很容易使L－苯甘氨酸和D－苯甘氨酰胺合成D－苯甘氨酰胺－L－苯甘氨酸，可进一步环化为具有立体构象的dl－3，6－二苯哌

嗪 -2，5 - 二酮。3，6 - 二苯哌嗪 -2，5 - 二酮这两个光学异构体具有较多的应用价值，不但可作为食品添加剂、壳聚糖酶抑制剂，还可作为抗病原体和抗过敏药物。另外，D - 苯甘氨酰胺 - L - 苯甘氨酸本身就是一种低毒性的肿瘤和组织消溶剂。所以固定化技术适合用于手性药物的大规模工业化生产。

五、蛋白质工程制药

蛋白质是生物体内广泛存在的重要的生化物质，具有多种生理生化功能，也是一类重要的生物药物。蛋白质具有极其复杂的结构，结构生物学揭示了蛋白质分子的精确立体结构及其与生物功能的关系，为设计改造天然蛋白质提供了蓝图；同时，分子遗传学发展了以定位诱导为中心的基因操作技术，为通过改变基因修饰改造蛋白质提供了工具。

以蛋白质分子的结构规律及其生物功能的关系为基础，通过控制化学修饰、基因修饰和基因合成，对现有的蛋白质加以定向改造、设计、构建，最终获得天然蛋白质，甚至较天然蛋白质更优良、更符合人类需要的蛋白质药物，是蛋白质工程制药的主要研究内容。

蛋白质和多肽都是含氮的生物大分子，基本组成单位是氨基酸。氨基酸之间通过酰胺键（或称为肽键）连接成肽链，肽链中每个氨基酸都称为氨基酸残基。蛋白质除了特定的氨基酸排列顺序（称为一级结构）外，还由于分子内的氢键、盐键、疏水键等次级键的作用，导致肽链产生 α 螺旋、β 折叠和转折等立体结构，从而使蛋白质具有稳定的二级、三级和超级结构。蛋白质的高级结构是蛋白质分子借以表现其生物功能的结构基础。

（一）蛋白质工程制药的基本原理

活性多肽和蛋白质是生化药物中非常活跃的一个领域，其生产方法主要有：提取分离纯化法、化学合成法和蛋白质工程法。

活性多肽和蛋白质类药物都属于天然大分子化合物，主要来源于动物、植物和微生物。在生物制药上，多从天然材料中，经提取、纯化等工艺制得。具体步骤是：选择合适的生物细胞、组织或器官作为材料，进行细胞（组织）粉碎和脱脂，用于提取。最大限度地获得有效成分的关键是溶剂的选择。提取溶剂随药物的性质而不同，如水溶性蛋白质可以用低浓度的缓冲液来提取，胰岛素则可用 50% 的乙醇提取。一般提取时要求温度较低，以避免蛋白质变性。

多肽和蛋白质的化学合成从 20 世纪 50 年代开始获得重大进展。多肽和蛋白质的化学合成是一个重复添加氨基酸的过程，合成一般从 C 端向 N 端进行。早期的合成是在溶液中进行的，称为液相合成法。现在多采用固相合成法，因为固相合成法可以降低产品提纯的难度。另外，固相合成法具有省时、省力、省料、便于计算机控制、便于推广等优势，已成为多肽和蛋白质合成的常用技术。尽管如此，目前尚且只能合成一些较短的肽链，蛋白质的化学合成仍然存在较大的困难。

多肽和蛋白质的化学合成方法较多，其中应用较普遍的是用 N，N－二环己基碳酰亚胺（DCCI）作为缩合剂的方法，简称 DCCI 法。它与氨基和羧基中分别被保护的两个氨基酸或小肽作用，脱水缩合生产肽，副产品 N，N－二环己脲（DCU）沉淀出来，再分离出合成的多肽。在多肽合成中，一般需要经过以下几个主要步骤：①氨基保护和羧基活化。②羧基保护和氨基活化。③接肽和除去保护基团。

（二）蛋白质工程制药的基本过程

蛋白质工程是应用物理化学和生物学的方法制造非天然蛋白质或多肽的新技术，包括以蛋白质的化学修饰、合成及人工定向设计非天然基因、以基因定点突变技术制造特定基因等。通过宿主细胞表达制造人工蛋白质和多肽类药物，也称为“第二代基因工程”。

根据内源性蛋白质的生物活性，应用蛋白质工程生产的基因工程药物都是稀有的大分子蛋白质，口服时，有受胃酸的影响而不稳定，生物利用度低等缺点。现在发展已改为合成这些天然蛋白质的较小片段，即所谓的“多肽模拟合成”或“多肽结构域合成”，又称为“小分子结构药物设计”。把设计的小分子代替原先的天然活性蛋白质与特异性靶标相互作用，可创建自然界没有的新型基因工程药物。

蛋白质工程药物的分子设计主要有以下几种主要的方法：

（1）利用定点突变技术，更换活性多肽和蛋白质的关键氨基酸残基。

（2）使用增加、删除或调整某些肽段、结构域等方法，改变其原来的生物活性，产生新的生物功能。

（3）功能互补的两种基因工程药物在基因水平上进行融合，构建新型融合蛋白药物。这种嵌合蛋白不仅是原有药物的加和，还会出现新的药理作用。

六、抗体工程制药

抗体是能与相应抗原特异性结合的具有免疫功能的球蛋白。它是机体免疫系统受到抗原物质刺激后，B 淋巴细胞活化、增殖和分化为浆细胞，由浆细胞合成和分泌的球蛋白。免疫球蛋白是化学结构上的概念，抗体是生物学功能上的概念，所有的抗体都是免疫球蛋白，但并非所有的免疫球蛋白都具有抗体活性。由于病原微生物是具有多种抗原决定簇的抗原物质，因此这些抗体制剂也是多种抗体的混合物，称为“多克隆抗体”，即针对多种抗原决定簇的抗体。它们在应用过程中经常会出现非特异性交叉反应。

1890 年 Behring 和北里柴三郎等人发现了白喉抗毒素，并建立了血清疗法，开抗体制药之先河。至今，以破伤风抗毒素血清为首的抗体制剂仍是紧急预防和治疗以毒血症为主要发病机制的疾病的有力武器。1937 年 Tiselius 等人用电泳法将血清蛋白分为白蛋白、甲种球蛋白、乙种球蛋白和丙种球蛋白，并证明抗体活性主要存在于丙种球蛋白中。因而，在相当长一段时间内，丙种球蛋白成为抗体的同义词。从血库的陈旧存血、胎盘中精制的丙种球蛋白制剂也是用于紧急预防甲型肝炎等传染病的有效药物。

20 世纪 60 年代初，医学家发现多发性骨髓瘤是浆细胞增生形成的恶性增殖性疾病。病人血清中也出现同抗体分子结构类似的球蛋白。因此，将具有抗体活性及化学结构与抗体相似的球蛋白，统称为“免疫球蛋白”。所以，免疫球蛋白是结构上的概念，而抗体是生物学上功能的概念，也就是所有的抗体都是免疫球蛋白，但并非所有的免疫球蛋白分子都具有抗体活性。由于病原微生物是含有多种抗原决定簇的抗原物质，因此这些抗体制剂也是多种抗体的混合物，故称为“多克隆抗体”，即针对多种抗原决定簇的抗体。这些抗体制剂在应用过程中经常发生非特异性交叉反应而出现假阳性结果，必须经过多次吸收试验才能得到所谓的精制单价血清。虽然称为“精制单价血清”，但仍然难免出现假阳性结果。而且其产量很低，很难满足临床治疗和诊断上的需要。

（一）抗体工程制药的基本原理

1975 年，Köhler 和 Milstein 等人首次利用 B 淋巴细胞杂交瘤技术制备出单克隆抗体。单克隆抗体具有高度特异性、均一性，又有来源稳定可大量生产等特点，为抗体的制备和应用提供了全新的手段，还促进了基础医学和临床医学等众多学科的发展。单克隆抗体作为制剂，在临床实践中主要用于疾病的诊断和治疗两个方面。如利用单克隆抗体检测与某些疾病有关的抗原，辅助临床诊断，或利用放射性核素标记单克隆抗体进行肿瘤显像，做免疫定位诊断。单克隆抗体制剂也可用于临床治疗，如针对 T 淋巴细胞共有的分化抗原 CD3 的单克隆抗体，因其对器官移植排斥有显著的抑制效果，因而可用作免疫抑制剂。以单克隆抗体为载体的药物可对肿瘤进行定向治疗。

单克隆抗体是让抗体产生细胞与具有无限增殖能力的骨髓瘤细胞融合，通过有限稀释法及克隆化，使杂交瘤细胞成为纯一的单克隆细胞系而产生的。由于这种抗体只针对一个抗原决定簇，又是由单一的 B 淋巴细胞克隆产生的，故称为“单克隆抗体”。它是结构性和特异性完全相同的高纯度抗体。

制备特定抗原的单克隆抗体，首先要制备用于免疫的适当抗原，再用抗原进行动物免疫。有的抗原可以用化学方法合成，但多数情况下，抗原物质只能得到部分纯化，甚至是极不纯的化合物，如部分纯化的干扰素。再通过克隆化选出最适当的单克隆抗体。在制备恶性肿瘤细胞表面抗原的单克隆抗体时，情况更为复杂，需要用整个肿瘤细胞作为免疫原，经过筛选、克隆化，制备出仅存在于肿瘤细胞而不存在于正常细胞上的表面标志分子的单克隆抗体。

进行动物免疫的方法有体内免疫法和体外免疫法。体内免疫法适用于免疫原形强、抗原量较多的情况，一般选用 8～12 周龄的雌性鼠。颗粒性抗原（细菌、细胞抗原）的免疫性强，可不加免疫佐剂，直接将抗原通过腹腔注射进行初次免疫，间隔 1～3 周，再追加免疫 1～2 次。可溶性抗原则添加福氏完全佐剂，通过腹腔注射进行初次免疫，间隔 2～4 周，再用不加佐剂的原抗原追加免疫 1～2 次。一般在采集脾细胞的前 3 日由静脉注射最后一次抗原，其目的是使对应的 B 淋巴细胞克隆受到可靠的最大限度的刺激，使其迅速地增殖分裂。在免疫后第三天淋巴细胞的增殖率最高，由静脉注射就是为了提高抗原浓度，刺激更多的 B 细胞。体外免疫法则适用于不能采用体内免疫法的情况，如制备人源性单克隆抗体，或者抗原的免疫原性极弱且能引起免疫抑制时。体外免疫法的优点很多，所需抗原量少，一般只需要几个 μg，免疫期短，仅 4～5 天，干扰因素少。已成功制备出针对多种抗原的单克隆抗体，但融合后产生的杂交瘤细胞株不够稳定。其基本方法是利用 4～8 周龄的 BALB/c 小鼠的脾脏细胞制成单个细胞悬液，再加入适当的抗原使其浓度达 0.5～5μg/ml，在 5% CO_2、37℃下培养 4～5 天，再分离脾细胞，进行细胞融合。

细胞融合的基本方法是：选择适量脾细胞与骨髓瘤细胞进行混合，在聚乙二醇（PEG）的作用下诱导它们融合，时间控制在 2min 以内，然后用培养液将 PEG 融合液缓慢稀释。用于细胞融合的骨髓瘤细胞应具备融合率高、自身不分泌抗体、所产生的杂交瘤细胞分泌抗体能力强且长期稳定等特点。

因为产生特定抗原的抗体产生的细胞只占所有脾细胞的 5% 左右，所以要进行每孔培养上清的抗体活性筛选工作，以选择出阳性克隆，然后进行克隆化培养。为了尽快地筛选出阳性克隆，必须使用微量、快速、特异、敏感、简便并一次能检测大批标本的方法。常用的检测方法有免疫酶技术、免疫荧光技术和放射免疫技术等。根据筛选抗原的性质和纯度等要求来选用相应的方法。免疫酶技术因不需要进行放射性核素操作，方法简便，又适于检测大批标本等优点而被广泛采用。通过引入生物素—亲和素等放大系统可进一步提高灵敏性。一般来说，免疫酶技术和放射免疫技术均适用于可溶性抗原及颗粒性抗原的抗体检测。免疫荧光技术适用于细胞抗原的抗体检测，特别是制备以检测患者活检组织为目的的抗体时，免疫荧光法更有意义，在筛选抗体的同时，还能对所识别的抗原进行定位判定。

在筛选出来的阳性克隆中，可能含有不分泌抗体的细胞或有多株分泌抗体的细胞，而且刚融合获得的杂交瘤细胞不稳定，染色体易丢失，因此应尽早进行克隆化。克隆化是指单个细胞通过无性繁殖而获得细胞集团的整个培养过程。这种细胞集团的每个细胞的生物学特性和功能完全相同。一般融合后获得的杂交瘤细胞要经过大约 3 次克隆化，才能达到 100% 孔内均为抗体阳性细胞的克隆。常用的克隆化方法有有限稀释法和软琼脂法。有限稀释法是把杂交瘤细胞悬液稀释后，加入 96 孔细胞培养板中，使每个孔中理论上只含有一个细胞。第一次克隆化时要应用 HT 培养液，以后的克隆化可用不含 HT 的 RPMI1640 培养液。由于单个细胞难以存活，克隆化时也需要加入饲养细胞辅助其生长。软琼脂法是在培养液中加入 0.5% 左右的琼脂糖凝胶，细胞分裂后形成小球样团块，由于培养基是半固体状态，可用毛细吸管将小球吸出，团块经打碎后，移入 96 孔板中继续培养。用这种方法可以吸出大量克隆细胞进行培养，因初代细胞很不易增殖，所以用软琼脂法进行克隆化容易成功。

对杂交瘤细胞还要进行染色体分析，作为鉴定的客观指标，这样做还能用于帮助了解其分泌抗体的能力。另外，根据不同的需要，还应对单克隆抗体进行特异性、纯度和识别抗原的相对分子质量等测定。

（二）抗体工程制药的基本过程

1. 单克隆抗体的大量制备

大量制备单克隆抗体的方法主要有两种：一种是体外培养法，可获得约10μg/mL的抗体；另一种是动物体内诱生法，可获得5～20mg/mL的抗体。目前多采用后者生产制备单克隆抗体。因为杂交瘤细胞的两种亲本细胞都来自BALB/c小鼠，所以应选用BALB/c小鼠制备单克隆抗体。为了使杂交瘤细胞在腹腔内增殖良好，可在注入细胞的几周前，预先将具有刺激性的有机溶剂降植烷注入小鼠腹腔内，以破坏小鼠腹腔内膜，建立杂交瘤细胞容易增殖的环境。动物体内诱生法操作简便，也比较经济，所得单克隆抗体量较多且效价高，还可有效地保存杂交瘤细胞株和分离已经污染杂菌的杂交瘤细胞株，缺点是小鼠腹水中混有来自小鼠的多种杂蛋白，给纯化带来一定难度。

2. 单克隆抗体的纯化

1975年首次用B淋巴细胞杂交瘤技术制备出单克隆抗体。单克隆抗体具有高度特异性、均一性，又有来源稳定可大量生产等特点，为抗体的制备和应用提供了全新的手段，还促进了基础医学和临床医学等众多学科的发展。在临床上主要用于疾病的诊断和治疗。诊断：利用单克隆抗体检测与某些疾病有关的抗原，辅助临床诊断，或用放射性核素标记单克隆抗体进行肿瘤显像，做免疫定位诊断；治疗：可对器官移植的排斥反应进行抑制，用单克隆抗体作为载体的药物可对肿瘤进行定向治疗。

由于单克隆抗体的Ig的类和亚类的不同，纯化的方法也不相同。因此在纯化之前必须明确其Ig的类和亚类。另外，根据用途不同也应选择不同的纯化方法，如用于体外诊断试剂的话，IgG类抗体应采用沉淀处理结合亲和层析的方法，IgM类抗体应采用沉淀处理结合凝胶过滤的方法。若制备体内诊断试剂或治疗用药则应注意去除内毒素、病毒、核酸等微量污染物，必须经过亲和层析和阴离子交换层析处理。

七、生物化学制药

近些年来，随着生物化学、医药学的进一步发展，在临床上越来越多地将氨基酸、多肽、蛋白质、核酸、酶和辅酶、糖类、脂类等生物体内的生化物质，用于预防、诊断和治疗疾病，并取得了令人鼓舞的效果。

生物化学药物制备技术也不断引进现代生物化学、分子生物学、细胞生物学、微生物学和制剂学等多种学科的先进技术，成为现代生物化学药物制备的实用技术。

（一）生物化学制药的基本原理

运用生物化学的研究方法，将生物体内起重要生化作用的各种基本物质经过提取、分离、纯化等手段获得的药物，或者将氨基酸、多肽、蛋白质、核酸、酶和辅酶、糖类、脂类等现有药物通过结构改造或人工合成的药物，统称为“生物化学药物”。

生物化学药物属于生物药物，除药理活性高、治疗针对性强、毒副作用小等优点外，还具有本身的一些特点，如：①来自于生物体中天然存在的生化活性物质，即来自动物、植物或微生物。②为生物体的基本生化成分，其有效成分和化学本质多数比较清楚，在医疗应用中具有高效、低毒、量小的临床效果。③化学结构与组成复杂，相对分子量较大，一般不易化学合成。④主要应用生化技术进行生产，传统上是从动物、植物器官、组织（或细胞）、血浆中分离纯化制得的。

生物化学药物主要按其化学本质和性质、结构进行分类，有利于比较同一类药物的结构与功能的关系，以及分离制备方法的特点和检验方法的统一。根据此分类方法，生物化学药物主要分为以下几大类：

（1）氨基酸药物：这类药物包括天然氨基酸、氨基酸混合物以及氨基酸的衍生物，是一类结构简单、相对分子量小、易于制备的药物。

（2）多肽类和蛋白质类药物：多肽是一类化学性质和蛋白质相似，只是分子量不同而导致其生物学性质有较大差异的生化物质，如分子质量大小不同，物质的免疫学性质也大不一样。多肽类药物主要是指多肽类激素，如催乳素、降解素、胰高血糖素等。目前人们正在以较快的速度阐明其化学本质和结构，并将其应用于临床。人工合成的活性多肽也在不断增加。蛋白质类药物种类多，有单纯蛋白质与结合蛋白质。

（3）酶类药物：酶类药物在生物化学药物中占很大比例，包括消化酶类、消炎酶类、心脑血管疾病治疗酶类、抗肿瘤酶类、氧化还原酶类等。近年来，酶诊断试剂的生产与应用引起了人们广泛的重视，并且得到了迅速发展。

（4）核酸类药物：是指核酸及其降解产物和衍生物。此类药物包括核酸（DNA 和 RNA）、多聚核苷酸、单核苷酸、核苷、碱基及其衍生物等。

（5）糖类药物：包括单糖、多糖和糖的衍生物，以黏多糖为主。多糖类药物是由糖苷键将单糖连接而成的，由于糖苷键的位置、数量不同，使得糖类药物的种类繁多，活性各异。

（6）脂类药物：此类药物包括许多非水溶性的、能溶于有机溶剂的小分子生理活性物质。其化学结构差异较大，功能各异。主要有脂肪、脂肪酸类、磷脂类、胆酸类、固醇类等。

（7）其他生化药物：包括维生素及辅酶、酶抑制剂等生化药物。

（二）生物化学制药的基本过程

生物化学制药是指把生物体内的生化基本物质，在保持原结构和功能的基础上，从含有多种物质的液相或固相中，较高纯度地分离出来。它是一项严格、细致、复杂的工艺过程，涉及物理、化学、生物学等方面的知识和操作技术。由于生化药物的结构和理化性质不同，各种生化药物的生产工艺过程也大不一样，即便是同一类生化药物，其原料不同，使用的方法也差别很大，没有一个统一的标准。根据生物化学药物的结构和理化性质，生物化学药物的制备方法主要有以下几种：

1. 提取法

提取法是指从动植物组织或器官中，用溶剂提取天然有效成分的工艺过程，是一种经典的方法。用于生物化学药物的常用提取溶剂有水、稀盐、稀酸、稀碱、乙醇、丙酮、丁醇、氯仿、乙醚、石油醚等。

2. 发酵法

发酵法是指人工培养微生物（细菌、放线菌、真菌）生产各种生物化学药物的方法。是指从发酵液中获取代谢产物，或破坏菌体细胞，分离出生物化学药物，以及利用菌体中的酶体系，加入前体物质进行合成，包括菌种培养、发酵、提纯、纯化等工艺过程。

3. 化学合成法

化学合成法是指采用有机化学合成的原理和方法，根据已知的化学结构，制造生物化学药物的工艺过程。化学合成法常与酶合成、酶分解等结合在一起，以改进工艺，提高收率和经济效益。应用化学合成法成本低、产量高、原料易得，适用于一些小分子生物化学药物的生产，如活性多肽、核苷酸、核苷、氨基酸等。

4. 组织培养法

组织培养法是指利用动植物组织细胞，接种在特殊控制的培养基中，进行离体培养，获得天然生物化学药物的过程。与天然产物提取法比较，组织培养法不受自然资源的限制，可以人工控制，有效成分的含量高，如利用肾组织培养生产尿激酶等。

从天然生物材料中制备生物化学药物的过程可分为五个主要步骤：预处理、固液分离、浓缩、纯化、产品定型（干燥、制丸、挤压、造粒、制片）。每一个步骤都可以采用各种单元操作，在提取纯化中，要尽可能地减少操作步骤，以避免带来损失，提高收率。

根据生物材料的来源不同，生物化学药物的制备可以选择不同的工艺阶段，每个阶段并非截然分开。选择性提取，包含分离纯化；沉淀分离，包含浓缩；从发酵液中分离胞外酶，则不用粉碎细胞，离心过滤菌体后，就可以直接进行分离纯化。选择分离纯化的方法及各种方法的先后顺序也因材料而异。选择性溶解和沉淀是经常交替使用的方法，贯穿于整个制备过程中。各种柱层析通常放在纯化的后阶段，结晶则只有在产品达到一定纯度后进行，才能收到良好的效果。不论在哪个阶段，或者使用哪种操作技术，都必须注意要在操作过程中保存生物化学药物的完整性，防止变性和降解。

应用生化制备技术从生物材料中获得特殊的生物活性物质，需要注意以下问题：

（1）生物材料组成成分复杂，有数百种甚至更多；各种化合物的性状、大小、相对分子质量和理化性质都各不相同，有的还是一些未知结构的化合物，而且这些化合物在分离时仍然处于不断代谢变化之中。

（2）在生物材料中，有些活性物质含量很低，通常在万分之一甚至更少，制备时原材料用量很大，得到的产品很少。

（3）多数药物为活性物质，如蛋白质、酶和核酸，都具有完整和精巧的分子空间结构，除化学键外还有依靠氢键、离子键和范德华力形成的三维结构，对外界条件敏感，容易变性或受到破坏，为了保护这些物质的活性，需要十分温和的条件，尽可能在低温和洁净环境中进行制备。

（4）生化分离制备过程几乎都是在溶液中进行的，各种温度、pH、离子强度等参数，对溶液中各种组成物质的综合影响，常常无法固定，有些实验或工艺的设计理论性不强，常带有经验成分。

（5）生化制备方法最后均一性的证明与化学上的纯度概念不完全相同，这是由于生物分子对环境十分敏感，结构与功能的关系比较复杂，评定其均一性时，要通过不同角度测定，才能得出较为准确的结论。只凭一种方法所得到的纯度结论，往往是片面的，甚至是错误的。

第三章　生物药物的质量及其控制

一、生物药物质量的重要性与特殊性

生物药物是一类特殊的药品，它除用于临床治疗和诊断以外，还用于健康人特别是儿童的预防接种，以增强机体对疾病的抵抗力。生物药物的质量与人的生命安全攸关，质量好的制品可增强人的免疫力，治病救人，造福人类；质量差的制品不但不能保障人类的健康，还可能带来灾难，危害人类。如许多基因工程药物，特别是细胞因子药物都可参与人体机能的精细调节，在极微量的情况下就会产生显著的效应，任何性质或数量上的偏差，都可能贻误病情甚至造成严重危害。因此，对生物药物及其产品进行严格的质量控制就显得十分必要。

为了保证用药安全、合理和有效，在药品的研制、生产、供应以及临床使用过程中都应该建立产品质量体系，进行严格的质量控制和科学管理，并采用各种有效的分析检测方法，对药品进行严格的分析检验，从而对各个环节进行全面的控制、管理并研究提高药品的质量，实现药品的全面质量控制。

二、生物药物的质量标准

药品质量标准是药品现代化生产和质量管理的重要组成部分，是药品生产、供应、使用和监督管理部门共同遵守的法定技术依据，也是药品生产和临床用药水平的重要标准。为了确保和监督药品的质量，应该遵循国家规定的药品质量标准（药典、部颁标准、地方标准）进行药品检验和质量控制工作。国家卫生行政部门的药政机构和药品检验机构代表国家行使对药品的管理权和质量监督权。《中华人民共和国药品管理法》规定药品必须符合国家药品标准。

《中华人民共和国标准化法实施条例》规定药品标准属于强制性标准。

药典记载着各种药品的质量标准，是国家关于药品标准的法典，是国家管理药品生产与质量控制的依据，一般由国家卫生行政部门主持编写、颁布实施。药典和其他法令一样具有约束力。凡是药典中有记载的药品，其质量不符合规定标准的，均不得出厂、不得销售、不得使用。

我国药典的全称为《中华人民共和国药典》，其后以括号注明是哪一年的版本，可以简称为《中国药典（2010 年）》。药典的内容一般分为凡例、正文、附录和索引四部分。正文部分为所收载药品或制剂的质量标准。药品质量的内涵包括三个方面：真伪、纯度、品质优良度。三者的集中表现即为使用过程中的有效性和安全性。因此，药品质量标准的内容一般应包括以下几项：法定名称、来源、性状、鉴别、纯度检查、含量测定、类别、剂量、规格、贮藏、制剂等。

目前世界上已有数十个国家编制了国家药典。另外还有区域性药典及世界卫生组织（WHO）编制的《国际药典》。在药物分析工作中可供参考的国外药典主要有：《美国药典》《美国国家处方集》《英国药典》《日本药局方》《欧洲药典》《国际药典》等。

生物制品的标准化受到人们的高度重视，因为标准化是组织生物制品生产和提高制品质量的重要手段，是科学管理和技术监督的重要组成部分。它主要包括两个方面的工作：一是生物制品规程的制定和修订；二是国家标准品的审定。

（一）生物制品规程

各国都有自己的生物制品规程。世界卫生组织早在 20 世纪 60 年代就开始陆续制定《世界卫生组织生物制品规程》，它是国际生物制品生产和质量的最低要求。《中国生物制品规程》是我国生物制品的国家标准和技术法规。生物制品规程包括生产规程和鉴定规程两个方面的内容，是我国生物制品生产和鉴定的技术指标，还对原材料、工艺流程、鉴定方法等做了详细规定，对制品质量起保证作用，是国家对生物制品实行监督的准绳，也是国家对生物制品的最低要求。

《中国生物制品规程》2000 年版经第三届中国生物制品标准化委员会审议通过，并经国家药品监督管理局批准颁布。本版规程为原《中国生物制品规程》一、二部的合订本，并经修订、删减及增补，为新中国成立以来的第六版规程。规程分为正式规程和暂行规程两部。

正式规程收载通则 14 个，其中新增通则 4 个。正式规程收载制品共计 137 个，其中新增制品 37 个。按制品类别区分，预防类品种 36 个，其中新增 11 个，删除 2 个；治疗类品种 39 个，其中新增 17 个，删除 4 个；诊断类品种 62 个，其中新增 9 个。

暂行规程收载了有效性的质量控制标准及其鉴定方法尚需完善或验证的预防、治疗类品种 10 个，技术水平不高或不成熟的诊断试剂 29 个。这些制品须在国家规定期限内完善质量控制标准，经审核符合要求者增补入正式规程，否则将予以删除。

本版规程在质量标准及规范化方面均有明显提高。主要技术指标达到了 WHO 现行生物制品规程的标准。本版规程全面统一规范了各类制品规程及使用说明的框架、专业术语和书写格式，并根据 WHO 规程，规范了原液、半成品及成品的制备及鉴定要求；强调菌、毒种及细胞库的三级管理；增加了生产设施、生产用水、原辅材料等的基本要求；在使用说明中增加了副反应及处理、作用和用途等内容；修订了生物制品的命名原则，规范了生物制品名称；增补了生物制品常用词汇注释以及规程的英文目录。随着科学技术的不断发展，规程需要不断充实、完善和提高，使其更好地反映我国生物制品生产和质量水平。

（二）国家标准物质

生物制品是不能单纯用理化方法来衡量其效力或活性的，只能用生物学方法来衡量。但生物学测定往往由于试验动物个体差异、所用试剂或原材料的纯度或敏感性不一致等原因，导致试验结果的不一致性。为此，需要在进行测定的同时，用一已知效价的制品作为对照来校正试验结果，这种对照品就是标准品。国际上将标准品分为两类：国际标准品和国际生物参考试剂。

1. 标准物质的种类和定义

我国的标准物质分为两类：国家标准品和国家参考品。前者是指用国际标准品标定的，或我国自行研制的（尚无国际标准品者）用于衡量某一制品效价或毒性的特定物质，其生物活性以国际单位或以单位表示。后者是指用国际参考品标定的，或我国自行研制的（尚无国际参考品者）用于微生物（或其产物）鉴定或疾病诊断的生物诊断试剂、生物材料或特异性抗血清以及某些不用国际单位表示的制品定量鉴定用的特定物质。

2. 标准物质的制备

标准物质的制备由国家药品鉴定机构负责。国际标准品、国际参考品由国家药品鉴定机构向 WHO 索取，并保管和使用。生物标准物质原材料应与待检样品同质，不应含有干扰杂质，应有足够的稳定性和高度的特异性，并有足够的数量。根据各种标准物质的要求，进行配制、稀释。需要加的保护剂等物质应对标准物质的活性、稳定性和试验操作过程无影响，并且其本身在干燥时不挥发。经一般质量鉴定合格后，精确分装，精确度应在 ±1% 以内。需要干燥保存者，分装后立即进行冻干和熔封。冻干者水分含量应不高于 3%。整个分装、冻干和熔封过程，必须密切注意各安瓿瓶间效价和稳定性的一致性。

3. 标准物质的标定

标准物质的标定也由国家药品鉴定机构负责。新建标准物质的研制或标定一般需由至少 3 个有经验的实验室协作进行。参加单位应采用统一的设计方案、统一的方法、统一的记录格式，标定结果须经统计学处理（标定结果至少需取得 5 次独立的有效结果）。活性值（效价单位或毒性单位）的确定一般用各协作单位结果的均值表示，由国家药品鉴定机构收集各协作单位的标定结果，统一整理统计并上报国家药品管理当局批准。研制过程应进行加速破坏试验，根据制品性质按照不同温度、不同时间做活性测定，评估其稳定情况。标准物质建立以后应定期与国际标准物质进行比较，观察其活性是否下降。

三、生物药物质量控制与管理

要确保药品的质量能符合药品质量标准的要求，对和药物相关的各个环节加强管理是必不可少的，许多国家都根据本国的实际情况制定了一些科学管理规范和条例。

国际上对药品质量控制的全过程起指导作用的法令文件有 GLP、GMP、GSP、GCP 四个科学管理规范，这些规范对加强药品的全面质量控制都有十分重要的意义和作用。其中有的规范我国已经执行，有的还有待修改。

GLP（Good Laboratory Practice）即《良好药品实验研究规范》。科研单位或研究部门为了研制安全、有效的药物，必须按照 GLP 的规定开展工作。规范从各个方面明确规定了如何严格控制药物研制的质量，以确保实验研究的质量和实验数据的准确可靠。

GMP（Good Manufacture Practice）即《良好药品生产规范》，在我国制药行业称之为《药品生产质量管理规范》，是对生产的全面质量管理，即包括人员、厂房和设备、原材料采购、入库、检验、发料、加工、制品及半成品检验、分包装、成品鉴定、出品销售、运输、用户意见及反映处理等在内的全过程管理。生产企业为了生产出全面符合药品质量标准的药品，必须按照 GMP 的规定组织生产和加强管理。GMP 作为制药企业指导药品生产和质量管理的法规，在国际上已有 30 多年历史。

GSP（Good Supply Practice）即《良好药品供应规范》。药品供应部门为了确保药品在运输、贮存和销售过程中质量和效力不受到损害，必须按照 GSP 的规范进行工作。

GCP（Good Clinical Practice）即《良好药品临床试验规范》。为了保证药品临床试验资料的科学性、可靠性和重现性，涉及新药临床研究的所有人员都应明确责任，必须执行 GCP 的规定。本规范主要起两个作用：一是为了在新药研究中保护志愿者、受试者和病人的安全和权利；二是使生产厂家在申请临床试验和销售许可时，能够提供有价值的临床资料。

除了要对药品研究、生产、供应和临床各环节进行科学管理外，对药品检验工作本身进行质量管理更应得到重视。AQC（Analytical Quality Control）即《分析质量管理》，用于检验分析结果的质量。

四、GMP 发展简介

《良好药品生产规范》（Good Manufacture Practice，GMP）是药品生产和质量管理的基本准则，适用于药品制剂生产的全过程和原料药生产中影响成品质量的关键工序。大力推行药品 GMP，是为了最大限度地避免药品生产过程中的污染和交叉污染，降低各种差错的发生，是提高药品质量的重要措施。

20 世纪 60 年代中开始世界卫生组织制定药品 GMP，中国则从 80 年代开始推行。1988 年中国颁布了药品 GMP，并于 1992 年做了第一次修订。十几年来，中国推行药品 GMP 取得了一定的成绩，一批制药企业（车间）相继通过了药品 GMP 认证和达标，促进了医药行业生产和质量水平的提高。但从总体看，我国推行药品 GMP 的力度还不够，药品 GMP 的部分内容也急需做相应修改。

GMP 是药品生产和质量管理的基本准则。我国自 1988 年第一次颁布 GMP 至今已有 20 多年，其间经历 1992 年和 1998 年两次修订，截至 2004 年 6 月 30 日，实现了所有原料药和制剂均在符合 GMP 的条件下生产的目标。新版的

GMP共14章、313条，相对于1998年修订的GMP，篇幅大量增加。新版GMP吸收国际先进经验，结合我国国情，按照“软件硬件并重”的原则，贯彻质量风险管理和药品生产全过程管理的理念，更加注重科学性，强调指导性和可操作性，达到了与世界卫生组织GMP的一致性。

GMP所规定的内容，是食品药品加工企业必须达到的最基本的条件。

GMP是指导药品生产和质量管理的法规。世界卫生组织于1975年11月正式公布GMP标准。国际上药品的概念包括兽药，只有中国和澳大利亚等少数几个国家是将人用药GMP和兽药GMP分开的。

中国人用药行业GMP，1988年在中国内地由卫生部发布，称为《药品生产质量管理规范》，后几经修订，最新的为2010年修订版。

中国兽药行业GMP是在20世纪80年代末开始实施的。1989年中国农业部颁发了《兽药生产质量管理规范（试行）》，1994年又颁发了《兽药生产质量管理规范实施细则（试行）》。1995年10月1日起，凡具备条件的药品生产企业（车间）和药品品种，可申请GMP认证。取得GMP认证证书的企业（车间），在申请生产新药时，卫生行政部门对其予以优先受理。截止至1998年6月30日，未取得GMP认证的企业（车间），卫生行政部门将不再受理新药生产申请。

2002年3月19日，农业部修订发布了新的《兽药生产质量管理规范》（简称《兽药GMP规范》）。同年6月14日发布了第202号公告，规定自2002年6月19日至2005年12月31日为《兽药GMP规范》实施的过渡期，自2006年1月1日起强制实施。

目前，中国药品监督管理部门大力加强药品生产监督管理，实施GMP认证取得阶段性成果。现在血液制品、粉针剂、大容量注射剂、小容量注射剂生产企业全部按GMP标准进行，国家希望通过GMP认证来提高药品生产管理的总体水平，避免低水平重复建设。已通过GMP认证的企业可以在药品认证管理中心查询。

五、产品质量体系

质量问题是药品发展中的一个战略问题，质量水平的高低是一个国家制药水平的综合反映。制药企业的产品质量在社会实践中得到验证。药品是一种特殊商品，直接关系人民群众的生命安全，对其质量的要求应比其他产品更加严格。为了保证产品的质量，必须建立产品质量体系。产品质量体系在产品的生产过程中扮演着重要的角色，分为质量管理体系和质量检验体系。

（一）质量管理体系

药品质量是设计和生产出来的，而不是检验出来的，这说明药品质量是在生产过程中形成的，当然，最终产品的质量需要经过检验而证实。质量管理部门在质量体系中的地位是十分重要的，负责药品生产全过程的质量监督。药品生产企业的质量管理部门应负责药品生产全过程的质量管理和检验，受企业负责人直接领导，配备一定数量的质量管理和检验人员，并有与药品生产规模、品种、检验要求相适应的场所、仪器、设备。

1. 质量管理部门的组成

质量管理部门由质量检验科和质量监控科组成，分别行使质量控制（QC，Quality Control）和质量保证（QA，Quality Assurance）的职能。QC 在这里指品质控制，设置这样的部门和岗位，履行有关品质控制的职能，担任这类工作的人员称为“QC 人员”，相当于一般企业中的产品检验员。QA 在这里指品质保证，是为了提供足够的信任表明实体能够满足品质要求，而在品质管理体系中实施并根据需要进行证实的全部有计划和有系统的活动。设置这样的部门或岗位，履行有关品质保证的职能，担任这类工作的人员称为“QA 人员”。QC：检验产品的质量，保证产品符合客户的需求；是产品质量的检验者；进行质量控制，向管理层反馈质量信息。QA：审计过程的质量，保证过程被正确执行；是过程质量的审计者；QA 确保 QC 能按照过程进行质量控制活动，按照过程向管理层汇报检查结果，这是 QA 和 QC 工作的关系。在这样的分工原则下，QA 检查项目是否按照过程进行了某项活动，是否生产出某个产品；而 QC 检查产品是否符合质量要求。

如果企业原来只有 QC 人员，QA 人员配备不足，可以先确定由 QC 人员兼任 QA 人员工作。但是这只能是暂时的，因为 QC 人员工作也是遵循过程要求的，也是要被审计过程的，如果长期没有独立的 QA 人员，则难以保证 QC 人员的工作质量。

2. 部门设置及职责

药品是特殊的商品。药品的质量关系到企业和千千万万患者的生命。从原辅料的进厂到生产各工序的质量控制，直至产品的出厂把关都贯穿了质量检验工作的整个过程。因此，质量管理部门十分重要，具体职责如下：

①制定和修订物料、中间产品和成品的内控标准和检验操作规程，制定取样和留样制度。

②制定检验用设备、仪器、试剂、试液、标准品（或对照品）、滴定液、培养基、试验动物等管理办法。

③决定物料和中间产品的使用，原料药的物料因特殊原因需处理使用时，要用审核程序，并经企业质量管理负责人批准后发放使用。

④审核成品发放前的生产记录，决定是否发放成品。审核内容包括：配料、称重过程中的复核情况，各生产工序检查记录，清场记录，中间产品质量检验结果，偏差处理，成品检验结果等。符合要求的成品经审核人员签字后方可放行。

⑤对审核不合格的产品进行处理。

⑥对物料、中间产品和成品进行取样、检验、留样，并出具检验报告。

⑦监测洁净区的尘粒数和微生物数。

⑧评价原料、中间产品及成品的质量稳定性，为确定物料贮存期、药品有效期提供数据。

⑨制定质量管理和检验人员的职责。

⑩质量管理部门应与有关部门一起对主要物料供应商质量体系进行评估。除对生物制品生产用物料的供应商进行评估外，还应与之签订较固定的合同，以确保其物料的质量和稳定性。

为了保证上述职责的顺利实施，需要设立质量检验科及质量监控科这两大科室。

（1）质量检验科。

质量检验工作只有做到科学、公正、准确、权威，才能有效地实施其职能，确保本身工作的质量。因此，企业的质检工作应严格执行药品质量标准，制定出可靠的检验操作规程和科学的抽样程序，做好标准物质的管理工作，及时配备检验工作必需的仪器设施，实行误差管理，做好检验信息的反馈，培养训练有素的质检人员，对质检工作实行动态管理。

①质量检验的地位和作用。

工业企业的质量检验贯穿于工业生产的整个过程，对药品来说，它是药品开发研究、生产、经营、贮存和使用过程中必不可少的重要环节，是药品生产和经营企业质量管理和质量体系的主要支柱，是保证药品质量的重要手段。由于药品本身的特殊性，药品质量检验是鉴别药品真伪优劣的唯一途径，负有保障用药安全有效的神圣职责。

②质量检验的基本要素。

质量检验是指对产品或服务的一个或多个特性进行观察测量、试验，并将结果和规定的质量要求进行比较，以确定每项质量特性合格情况的一种技术检查活动。

质量检验的基本要求是：要有足够数量的、合乎要求的检验人员；要有可靠而完善的检测条件和手段；要有明确而清楚的检验标准和检测方法。

③质量检验的职能。

质量检验应履行保证的职能、预防的职能和报告的职能。

保证职能又称把关职能，是质量检验最基本的职能。通过对原辅料、半成品以及产品进行检验和判定，来严把“三关”。即保证不合格的原辅料不投入生产使用，不合格的中间体或半成品不流入下道工序，不合格的产品不出厂。严把“三关”是检验工作最基本、最重要的职能。

预防职能是现代质量检验与传统质量检验的一个重要区别，具有预防作用。通过检验可以获得大量质量数据和信息，经过整理分析这些数据和信息能及时发现质量变异的特性和规律，为质量控制和质量改进提供依据，使已出现的质量问题得以及时纠正，并使质量隐患得到预防。

报告职能是使企业领导和有关职能部门及时而正确地掌握生产过程中的质量状态，评价和分析质量管理的工作，质量检验部门将检验结果和数据经过整理和分析，形成质量信息向有关领导和职能部门报告，以便采取改进措施来保证和提高产品质量。

④质量检验分类。

按检验对象分为：原辅料检验、包装材料检验、中间产品检验、成品检验、留样观察检验。按检验方法分为：理化检验、卫生学检验、动物检验。在编写检验员职责时应按检验组分别编写。

⑤质量检验的主要工作有检验及与检验相关的工作，如：编写物料、中间产品和成品的检验操作规程；制定检验用设备、仪器、试剂、试液、标准品（或对照品）、滴定液、培养基、实验动物等管理规程；负责物料、中间产品、成品和留样的检验，出具检验报告；评价原料、中间产品及成品的质量稳定性，为确定物料贮藏期、药品有效期提供数据；等等。

⑥质量检验规程。

在质量检验方面，有检验、复核、复检管理规程；留样观察管理规程；稳定性考察管理规程。在化验室方面，有检验用设备、仪器管理规程；试剂管理规程；危险品管理规程；毒品管理规程；试液、指示剂管理规程；标准品（对照品）管理规程；滴定液、标准液管理规程；检定菌管理规程；培养基管理规程；实验动物管理规程；动物试验管理规程；实验室洁净室管理规程。在操作方面，有原辅料、包装材料检验操作规程；中间产品检验管理规程；成品检验操作规程；相应单项操作；等等。原辅料（包括工艺用水）、半成品（中间体）、成品、副产品及包装材料的检验操作规程由各级检验室根据质量标准组织填制。最后是检验操作记录方面，检验人员应按操作规程做好检验操作记录。检验操作记录是质量管理文件的一部分。检验操作记录为检验所得的数据、记录及运算等原始资料。检验结果由检验人员签字，并由专业技术负责人复核。检验报告单由质检部门负责人审查、签字，并建立检验台账。

⑦质量检验文件编制。

操作规程经质量管理部门负责人审查，总工程师批准、签章后，从规定日期起执行。检验操作规程每 3 ～ 5 年复审、修订一次。审查、批准和执行办法与制定时相同。在修订期限内确实有内容需要修改时，审查、批准和执行办法与制定时相同。

⑧人员设置及职责。

质检部一般设有：质检主任、理化检测人员、微生物限度检查人员等。

A. 质检主任职责：质检主任在质保部经理的领导下，负责企业的原辅料、成品、内包装、工艺用水的检验工作，并保证按时完成任务；负责对质检室化验人员进行监督、管理及考核；负责对检验记录、质量报告进行复核，督促专业技术人员复核存有怀疑的分析结果；负责标准溶液的配制、滴定液的标定及复核，保证标定结果准确、真实；负责督促专人做好留样观察工作及留样观察记录，并定期做好留样稳定性考察试验，为产品有效期提供有利证据；负责对化验人员进行业务培训和技术指导；做好有关的工艺、洁净厂房、纯化水检验工作，保证检验的准确性、可靠性；负责指导专业技术人员，根据检品质量标准编制和修订有关的检验操作规程，并进行审订；负责汇总审订室所需仪器、药品、试剂的采购计划；有权对违反检验规定的人员，按有关规定进行相应处罚；完成公司交给的临时任务。

B. 理化检测人员职责：在工作中必须严格依照有关质量检验标准及规章制度进行抽样检验、记录、计算判定等；严禁擅自改变检验标准和凭主观下结论；在工作上应精益求精，必须及时完成各项检测任务，并于规定的工作日内出具报告单，精密度应符合《药品检验操作标准》要求的规定；必须坚持实事求是的原则，记录、报告应完整、真实、可靠，不得弄虚作假；工作时应按规定着装；必须随时做好并保持各检验室的清洁卫生工作，玻璃仪器用完后必须按规定清洗干净；应自觉维护、保养各种检测仪器，并做好使用记录；对标准品、对照品等进行正确使用及保存；负责小型玻璃仪器的校正工作；负责安全防火、防爆等工作。

C. 药品微生物限度检查人员职责：在工作中必须严格依照现行《中国药典》进行操作、记录、计算判定，严禁擅自改变操作标准和凭主观下结论；在工作上应精益求精，必须及时完成各项检测任务，并于规定的工作日内出具报告；进行微生物限度检查后，应对室内进行清洁消毒处理；应对用于微生物限度检查的培养皿、吸管及培养基等进行灭菌；进入微生物限度检查室前，应按规定着装，穿戴好已灭菌的连帽衣、裤、口罩等；废弃培养皿及带有活菌的物品，必须经消毒处理后才能进行冲洗，严禁污染下水道；定期对微生物检查室进行监测。

（2）质量监控科。

虽然产品的技术质量标准代表一个产品的质量水平，是判断一个产品质量是否合格的科学依据，但是所有产品的技术标准只能反映产品的某些可测的质量特性。由于一些产品的高科技含量和生产的复杂性，很多决定产品质量的因素无法或不能够体现在产品的技术标准中，因此，需要质量监控部门的协作与把关，才能更好地确保产品的质量。

①药物质量监控工作的概括。

由于产品生产的复杂性，所以会对其质量造成影响的因素有很多，如果在药品的生产过程中，在原料生产、原料运输或是产品生产工艺的某一个环节中，意外地掺入了微量的氰化钾，当这个药品用于人体时，就会导致死亡事故。但是，按照药品的技术质量标准检测的结果仍然是合格的。由此看出，只按照质量标准检测是不足以保证产品质量的。因此，保证一个产品符合设计时的质量要求，不仅需要通过技术手段对产品进行检测和控制，还需要对包括供应厂家、包装、贮存、运输在内的全部生产过程，销售及使用过程的各环节进行系统的预防管理和质量改进。一个复杂的安全性产品要想证明其质量，生产组织必须按合同要求，不但要向顾客提供产品的技术标准及其检验结果，还要提供其对生产全过程进行系统管理的证据。该部分内容由质量监控科完成，内容通常包括：

A. 正式的产品质量计划：包括从设计和对供应商的检查，到产品最终检验后的贮存、运输维护和使用全过程的管理和控制。

B. 审阅系统：这个系统能够保证如果计划被执行，产品能够达到制定的质量标准。

C. 检查系统：这个系统能够证明这个质量计划被正确执行。

D. 提供质量数据的系统。

以上所有的活动，称为“生产组织向顾客提供的质量保证”。

质量监控是指为了质量保证，质量保证是为了提供足够的信任表面体系，满足质量要求，而在质量体系中实施并根据需要进行证实的全部有计划、有系统的活动。质量保证有内部质量保证和外部质量保证两种目的：

内部质量保证，即在组织内部，质量保证向管理者提供信任。

外部质量保证，即在合同或其他情况下，质量保证向顾客或他方提供信任。

质量控制和质量保证的某些活动是相互关联的，质量控制是质量保证的一部分，在质量体系中为最后的质量保证的目的提供技术支持与法律依据。

②质量监控科的主要工作。

负责制定和修订物料、中间产品和成品的质量标准；负责编写与工作相关的管理规程；负责按批文审核标签、说明书的内容、式样、文字；负责制定取样和留样规程；对物料、中间产品和成品的检验、留样进行取样；负责生产过程监控；负责洁净区洁净度监控；负责物料、中间产品的使用；负责批记录的审核，决定成品的执行；负责不合格品的处理；负责物料供应商的审核；等等。

③质量控制规程设计文件编制。

取样：原辅料取样规程，工艺用水取样规程，包装材料取样规程，半成品（中间产品）取样规程，成品取样规程；审核：标签、使用说明书审核规程，物料、中间产品审核、放行规程，成品审核、放行规程，不合格品审核、处理规程；监控：生产过程监控规程，洁净区洁净度监控规程；制度：产品质量档案管理制度，主要物料供应商质量评估制度，质量事故管理制度。

④人员设置。

质控部一般设有质控主任、生产现场质量监督员、仓库质量监督员等。

⑤生产现场质量监督员职责。

在质保部经理的统一领导下，对分管范围内的产品质量负主要责任；遵守企业质量管理方面的各项规定，执行企业的质量方针、目标；认真做好日常质量检查记录，每周以书面形式向质保部汇报每周监督情况及质量处罚情况；及时向相关车间负责人提供质量反馈情况，做好产品质量问题的调查研究工作，推动开展质检活动；积极推行 GMP，按照 GMP 的要求进行日常工作；监督生产人员对岗位操作法、工艺操作规程及其他有关文件的实施情况，发现有不符合 GMP 的行为可令其改正，若对方拒绝可暂停生产并向生产管理部门发出警告，同时向本部门负责人报告；负责半成品、成品的取样并做好取样记录，经常对原始批生产记录、工艺卫生情况进行监督检查；负责兼职质监员的管理、监督、考核工作，进行质量意识、业务技术方面的培训工作；参加相关车间质量分析会议，并根据会议决定的质量措施督促落实；每天对车间生产人员的卫生状况进行检查并做好记录；做好洁净生产区环境监测记录以及各班批生产记录的检查工作；有权对违反企业管理规定的各种行为给予相应的经济处罚，对不合格的原辅料的投料和不合格的中间产品流入下道工序有否决权；有权根据质量管理的实际情况提出调换兼职质监员的建议；负责清场合格证的发放，半成品、成品检验报告书的发放。

⑥仓库质量监督员职责。

仓库质量监督员设在质保部，接受质保部经理的领导。配合仓库质量验收人员对进货物料进行质量验收，内容包括品名、规格、批号、数量、生产企业、批准文号、质量标准、注册商标、包装质量及药品的外观质量，根据验收结果，取样并贴取样标签。验收不合格的，报质保部审核、签署意见，通知业务部门办理退货手续。监督员有权拒收或提出拒收无批文号、无注册商标、无生产批号的产品，内包装严重破坏、霉变的产品，无出厂和合格证或检验报告的产品，说明书、包装及其标志的内容不符合规定要求的产品；对退回的产品进行质量检查；对特殊管理的药品实行监督；做好质量验收记录并保存 3 年，有效期产品则保存至有效期后 1 年。

（二）质量检验体系

质量检验体系包含在质量管理之中，但又包括质量保证、质量控制等内容。一般来说，质量检验体系由药品分析化验室、分析仪器及设备和药物分析方法组成。

1. 药品分析化验室

药品分析化验室通常包括两个检验单元，即理化分析化验室和微生物化验室。理化分析化验室对所收到的原料、包装材料、中间体和成品等进行理化鉴别、含量测定和其他检验，以保证符合法定要求和企业内部的质量标准；微生物化验室则通过一系列试验，以了解原料、包装材料、中间体和成品的微生物污染情况。对某些产品，还要做专门的无菌检验以及生产环境的微生物状况检查。

一般制药企业要有与生产品种和规模相适应的足够面积及空间的化验室，分析实验室应有足够的场所以满足各项实验的需要。每一类实验与操作均应有单独的、适宜的区域。一般要有安静、洁净、明亮、通风的环境，并根据具体要求做到防震、防尘、防潮或恒温。

2. 分析仪器及设备

随着国家及公众对药品质量要求的提高，药品检测分析的技术不断提高，也更加依赖相应的仪器设备，一定的分析仪器及设备对控制药品质量来说是必需的。分析仪器及设备主要分为检验仪器的配备和检验仪器的使用管理两部分。

（1）检验仪器的配备。

企业必须具备能满足生产品种检验需要的常用检验仪器和设备。大小型企业应具有分析天平、红外分光光度计、紫外—可见分光光度计、气相色谱仪、高效液相色谱仪等精密度分析仪器，以满足质量检验和科研的需要。制剂生产企业还需备有特殊需要的测试仪器，如溶出度测定仪、崩解仪、微粒测定仪等。有条件的企业还可以配备红外光谱仪、质谱仪、核磁共振仪。

检验仪器的质量直接影响检验结果，因此所选用检验仪器的精密度（或灵敏度）、稳定性必须能满足检验项目的要求。

（2）检验仪器的使用管理。

各种检验仪器必须按照药典、剂量部门或出厂说明书的规定进行使用和安装，所有仪器、设备要经过验证后，方能使用，并定期校正，及时维修，以保证仪器始终处于理想的工作状态。操作人员需严格按操作规程正确使用，用后登记并签字，各种检验仪器应建立定期验证、维护、保养等管理制度。

所有检验仪器均应造册登记。精密仪器还应建立档案，内容包括编号、品名、规格、型号、生产厂家、购进日期、部件清单、使用说明书、使用范围、调试时间、启用时间、鉴定期、鉴定情况记载、技术资料和合格证、历次维修时间记录等。

试剂和标准品是分析试验所用的材料，应注明接受日期。此外，还应注明使用和贮存要求。必要时还要在接受或使用前对试剂进行鉴别试验。

药品分析实验室所配制的供试品、溶液和培养基均按书面规程配制。供较长期使用的药液或试剂应注明日期，并由配制人签名。对不稳定试剂要在标签上注明有效期和特殊的贮存条件。此外，对滴定液还要指明标定日期及使用期限。

大多数仪器分析试验均要使用对照品、标准品做定性、定量测定。对照品、标准品一般分为国际标准品、国家标准品、企业内部标准品、其他标准品。

保存对照品、标准品容器的明显处应贴有标签，内容包括名称、标准品文件号、开启时间、负责人签字、有效期。

容器分析用标准液也要严格管理。所存标准溶液容器需在明显处贴标签，标明名称、浓度、配制日期、配制规程号、贮存条件、有效期等，并由负责人签字。

3. 药物分析方法

药物分析（习惯上称为药品检验）是运用化学的、物理学的、生物学的以及微生物学的方法和技术来研究化学结构已经明确的合成药物或天然药物及其制剂质量的一门学科。它包括药物成品的化学检验，药物生产过程的质量控制，药物贮存过程的质量考察，临床药物分析，体内药物分析，等等。药物分析是分析化学中的一个重要分支，它随着药物化学的发展逐渐成为分析化学中相对独立的一门学科，在药物的质量控制、新药研究、药物代谢、手性药物分析等方面均有广泛应用。随着生命科学、环境科学、新材料科学的发展，生物学、信息科学、计算机技术的引入，分析化学迅猛发展并已经进入分析科学这一崭新的领域，药物分析也正发挥着越来越重要的作用，在科研、生产和生活中无处不在，在新药研发以及药品生产等方面扮演着重要的角色。

常用的药物仪器分析方法如下：

色谱法：离子交换法，超临界流体色谱法，毛细管色谱法，薄层色谱/扫描法，凝胶色谱法，多维色谱法。

光谱法：紫外—可见分光光度法，原子吸收光谱法，荧光分光光度法，红外光谱法，近红外光谱法。

其他：生物芯片技术，体内药物分析，体外分析。

六、生物药物的分析检验

（一）生物药物质量的检验程序与方法

生物药物检验工作的基本程序一般为药物的取样、药物的鉴别试验、药物的杂质检查、药物的安全性检查、药物的含量（效价）测定、检验报告的书写。

1. 药物的取样

分析任何药品首先都要取样，要从大量的样品中取出少量样品进行分析，应考虑取样的科学性、真实性和代表性，不然就失去了检验的意义。据此，取样的基本原则应该是均匀、合理。如生产规模的固体原料药的取样须采用取样探子。

2. 药物的鉴别试验

鉴别是指采用化学法、物理法及生物学方法来确证生物药物的真伪。通常需要用标准品或对照品在同一条件下进行对照试验。依据药物的化学结构和理化性质进行某些化学反应，测定某些理化常数或光谱特征，来判断药物及其制剂的真伪。药物的鉴别不是进行一项试验就能完成的，而是要采用一组试验项目来全面评价一种药物，力求使结论正确无误。常用的鉴别方法有化学反应法、紫外分光光度法、酶法、电泳法、生物法等。

3. 药物的杂质检查

可用来判定药物的优劣。药物在不影响疗效及人体健康的原则下，可以允许在生产过程和贮藏过程中引入的微量杂质的存在。通常要按照药品质量标准规定的项目进行“限度检查”，以判断药物的纯度是否符合限量规定要求，所以也可称为“纯度检查”。药物的杂质检查又分为一般杂质检查和特殊杂质检查，后者主要是指从生产过程中引入或原料中带入的杂质。

4. 药物的安全性检查

生物药物应保证符合无毒、无菌、无热源、无致敏源和降压物质等一般安全性要求，故需进行下列安全性检查：

（1）异常毒性试验。

即将一定剂量的药物按指定的操作方法和给药途径给予规定体重的某种试

验动物，观察其异常毒性反应。反应的判断以动物死亡与否为终点。

（2）无菌检查。

无菌检查法是检查药品及辅料是否染有活菌的一种方法，是药典中较为重要的检查项目之一。由于许多生物药物是在无菌条件下制备的，且不能高温灭菌，因此进行无菌检查就更有必要了。

（3）热源检查。

本法是将一定剂量的供试品，由静脉注入家兔体内（家兔法），通过其体温升高的程度，判定该供试品中所含热源是否符合规定，是一种限度试验法。

（4）过敏试验。

过敏试验是检查异性蛋白的试验。药物中若夹杂有异性蛋白，在临床使用时易使病人产生多种过敏反应，因此，应对有可能存在异性蛋白的药物做过敏试验。

（5）降压物质检查。

降压物质是指某些药物中含有的能导致血压降低的杂质，包括组胺、类组胺或其他可导致血压降低的物质。《中国药典》采用猫（或狗）血压法来检查药物中是否含有降压物质。

此外，某些生物药物还需要进行药代动力学和毒理学（致突变、致癌、致畸等）的检查。

5. 药物的含量（效价）测定

含量（效价）测定也可用于判断药物的优劣。含量测定就是测定药物中主要有效成分的含量。一般采用化学分析或理化分析方法来测定，以确定药物的含量是否符合药品标准的规定要求。生物药物的含量表示方法通常有两种：一种用百分含量表示，适用于结构明确的小分子药物或经水解后变成小分子的药物；另一种用生物效价或酶活力单位表示，适用于多肽、蛋白质和酶类等药物。

所以，判断一个药物的质量是否符合要求，必须全面考虑鉴别、检查与含量（效价）测定三者的检验结果。除此之外，药物的性状（外观、色泽、气味、晶形、物理常数等）也能综合反映药物的内在质量。

6. 检验报告的书写

上述药品检验及其结果必须有完整的原始记录，实验数据必须真实，不得涂改，全部项目检验完毕后，还应写出检验报告，并根据检验结果做出明确的结论。药物分析工作者在完成药品检验工作，写出书面报告后，还应对不符合规定的药品提出处理意见，供有关部门参考，并尽快地使药品的质量符合要求。

（二）生物制品的质量检定

生物制品的质量检定的依据是《生物制品规程》，它是国家技术法规。规程中对每个制品的检定项目、检定方法和质量指标都有明确的规定。生物制品的检定一般分为理化检定、安全检定和效力检定三个方面。

1. 生物制品的理化检定

生物制品中的某些有效成分和无效有害成分，需要通过物理的或化学的方法才能检查出来，这是保证制品安全有效的一个重要方面。近年来，由于蛋白质化学、分子生物学和基因工程技术的迅猛发展，纯化菌苗、亚单位疫苗和基因工程产品的不断问世，理化检定显得更重要了。

（1）物理性状检查。

①外观检查。

制品外观异常往往会涉及制品的安全和效力，因此必须认真进行检查。通过特定的人工光源检测澄明度，对外观类型不同的制品（透明液、混悬液、冻干品）有不同的要求。

②真空度及溶解时间。

对冻干制品进行真空封口，可进一步保持制品的生物活性和稳定性。因此，真空封口的冻干制品应进行真空度和溶解时间检查，通常可用高频火花真空测定器检查其真空度程度，凡有真空度者瓶内应出现蓝紫色辉光。取一定量的冻干制品，按规程要求，加适量溶剂，检查溶解时间，其溶解速度应在规定时限内。

（2）蛋白质含量测定。

类毒素、抗毒素、血液制品、基因工程产品等，需要测定蛋白质含量，以检查其有效成分，计算纯度和比活性。目前常用的测定蛋白质含量的方法有：半微量凯氏定氮法、酚试剂法（Lowry 法）、紫外吸收法。

（3）防腐剂含量测定。

生物制品在制造过程中，为了脱毒、灭活和防止杂菌污染，常加入适量的苯酚、甲醛、氯仿、汞制剂等作为防腐剂或灭活剂。规程中要求各种防腐剂的含量控制在一定限度内。苯酚含量常用溴量法测定；汞类防腐剂（硫柳汞或硝酸汞苯）含量可用二硫腙法测定；氯仿含量测定；游离甲醛含量测定。

（4）纯度检查。

精制抗毒素、类毒素、血液制品以及基因工程产品在制造过程中经过精制提纯后，要求检查其纯度是否达到规程要求。检查纯度的方法通常有电泳法和层析法：

①区带电泳。

带点粒子在某种固态介质上经过电泳，被分离成各个不同的区带，从而达到分析、鉴定或制备的目的，这种实验技术称为区带电泳。因支持介质的不同，区带电泳有醋酸纤维膜电泳、聚丙烯酰胺凝胶电泳（PAGE）、SDS－聚丙烯酰胺凝胶电泳（SDS－PAGE）等多种类型。

②免疫电泳。

它是琼脂电泳与免疫扩散相联合，以提高对混合组分的分辨率的一种免疫化学分析技术，可应用于可溶性抗原抗体系统的检测。免疫电泳较之其他电泳的优点在于其具有特异性沉淀弧，即使是电泳迁移率相同的组分也能检出。主要有火箭免疫电泳（RIE）技术和对流免疫电泳（CIE）技术。

③凝胶层析。

生物大分子通过凝胶柱时，根据它们在网状凝胶孔隙中分配系数的不同而进行分离的技术叫凝胶分析，又称凝胶过滤。它具有操作简便、条件温和、分辨率高、重复性强、回收率高等优点，在蛋白质、多肽、核酸、多糖等方面的应用日益广泛，而且还可以用来进行相对分子质量的测定。

（5）其他测定项目。

①水分含量测定。

冻干制品中残留水分的含量高低，可直接影响制品的质量和稳定性，一些活菌苗和活疫苗含有的残余水分过高，易造成死亡；含水分过低，使菌体脱水，亦可造成活菌苗、活疫苗死亡。冻干血浆、白蛋白、抗毒素等则要求水分越低越好，这样有利于长期保存，不易变性。水分测定方法很多，有烘干失重法、五氧化二磷真空干燥失重法和费休氏（Fisher）水分测定法，其中后者由于快速、简便、准确而被列为常规项目。

②氢氧化铝与磷酸铝含量测定。

精制破伤风类毒素、白喉类毒素、流脑多糖菌苗等常用氢氧化铝作为吸附剂，以提高制品的免疫原性，因此，吸附制剂应测定氢氧化铝的含量。制品的铝含量用络合物滴定法测定。

③磷含量测定。

流脑多糖菌苗需要测定磷含量，以控制其有效成分的含量。常用的测定方法为钼蓝法。

2. 生物制品的安全检定

生物制品在生产全过程中必须进行安全性方面的全面检查，排除可能存在的不安全因素，以保证制品用于人体时不致引起严重反应或意外事故。为此，必须抓好以下三方面的安全性检查：菌毒种和主要原材料的检查、半成品检查、成品检查。

（1）一般安全性检查。

①安全试验。

常采用较大剂量的样品注射小鼠或豚鼠，观察其是否对动物健康产生不良影响。

②无菌试验。

生物制品不得含有杂菌（有专门规定者除外），灭活菌苗还不得含有活的本菌、本毒。检查方法除有专门规定外，均应按《生物制品无菌试验规程》执行。

③热源质试验。

生物制品在制造过程中有可能被细菌或其他物质所污染，可引起机体的致热反应，这就是通常所说的热源反应。目前公认的致热物质主要是指细菌性热源质，即革兰氏阴性细菌内毒素，其本质为脂多糖。目前采用家兔试验法作为检查热源的基准方法。本试验是将一定剂量的供试品由静脉注入家兔，在规定期间观察家兔体温的升高情况，以判定供试品中所含热源质的限度是否符合规定。试验应按《生物制品热源质试验规程》执行。国内外也在致力于研究和推广鲎试验法检测内毒素和热源，因为后者灵敏度高，特异性好，简便。

（2）杀菌、灭活和脱毒情况的检查。

灭活疫苗、类毒素等制品，常用甲醛或苯酚作为杀菌剂或灭活剂。这类制品的菌毒种多是致病性很强的微生物，如未被杀死或解毒不完善，就会在使用时发生严重事故，因此需要进行安全性检查。

①活毒检查。

主要是检查灭活疫苗解毒是否完善，需用在对原毒种敏感的动物身上进行试验，一般多用小鼠。如制品中残留有未被灭活的病毒，则注射小鼠后，能使小鼠发病或死亡。

②解毒试验。

主要用于检查类毒素等需要脱毒的制品，要用敏感动物进行检查。

③残余毒力试验。

用于活疫苗的检查。生产这类制品的菌毒种本身是活的减毒株，允许有一定的轻微残余毒力存在。

（3）外源性污染检查。

①野毒检查。

组织培养疫苗有可能通过培养病毒的细胞带入有害的潜在病毒。这种外来的病毒亦可在培养过程中同时繁殖，污染制品，因此需要进行野毒检查。

②支原体检查。

细胞培养的病毒性疫苗不断增多，产生单克隆抗体的杂交瘤大量出现，使得各种细胞培养液和疫苗生产中支原体污染的问题日益引起人们的关注。检测支原体的方法除培养外，还有 DNA 荧光染色法、同位素掺入法等。

③乙肝表面抗原（HBsAg）和丙肝抗体（HCAb）的检查。

血液制品除了要对其所用的原材料（血浆、胎盘）要严格进行 HBsAg 和 HCAb 检查外，还应对其制品进行检测。较为灵敏的 HBsAg 检测方法是用放免（RIA）或酶联免疫法（EIA），检测 HCAb 可用 EIA。

④残余细胞 DNA 检查。

由于传代细胞用于疫苗生产和杂交瘤技术的日益开展，特别是基因工程产品的迅速发展，WHO 规程和我国《人用重组 DNA 制品质量控制要点》规定必须用敏感的方法检测来源于宿主细胞的残余 DNA 含量，以确保制品的安全性。目前检测手段以分子杂交技术最为敏感和特异，即用宿主细胞 DNA 片段制备探针，然后将待检样品与探针进行杂交，结果应为阴性。

（4）过敏性物质检查。

某些生物制品（如抗毒素）是采用异种蛋白作为原料所制成的，因此需要检查其中过敏源的去除是否达到允许限度。此外，有些制品在生产过程中可能会被污染到一些能引起机体致敏的物质。上述情况都需要进行过敏性物质的检查。

①过敏性试验。

一般采用豚鼠做试验。先用待检品给动物致敏，再以同样的待检品由静脉或心脏注入进行攻击。如有过敏源存在，动物会立即出现过敏症状。

②牛血清含量测定。

主要用于检查组织培养疫苗，要求牛血清含量不超过1μg/mL。牛血清是一种异种蛋白，如制品中牛血清残存量偏高，多次使用能引起机体产生变态反应。检测方法一般采用反向间接血凝法。

③血型物质的检测。

白蛋白、丙种球蛋白、冻干人血浆、抗毒素等制品常含有少量的A血型或B血型物质，可使受者产生高滴度的抗A、抗B抗体，血型为O型的孕妇使用后可能会引起新生儿溶血症。为此，这类制品应检测血型物质含量。

3. 生物制品的效力检定

生物制品是具有生物活性的制剂，它的效力一般采用生物学方法测定。生物测定是利用生物体来测定待检品的生物活性或效价的一种方法，它以生物体对待检品的生物活性的反应为基础，以生物统计为工具，运用特定的剂量间的差异来测得待检品的效价。

理想的效力试验应具备下列条件：试验方法与人体使用应大体相似；试验方法应简便易行，重现性好；结果应明确；试验结果要能与流行病学调查基本一致；所用实验动物应标准化。

(1) 动物保护力试验（或称“免疫力试验”）。

动物保护力试验是将疫苗或类毒素注入动物体内使其产生免疫后，再将同种的活菌、活毒或毒素注入动物体内进行攻击，从而判定制品的保护水平。这种方法可直接观察制品的效果，比测定动物免疫后的抗体水平更好。保护力试验可分为以下三类：

①定量免疫定量攻击法。

实验对象为豚鼠或小鼠，先以定量抗原使其产生免疫数周后，再以相应的定量毒菌或毒素攻击，观察动物的存活数或不受感染数，以判定制品的效力。但试验前需测定一个最小感染量MID（或一个最小致死量MLD）的毒菌或毒素的剂量水平，同时要设立对照组。只有在对照组成立时，实验组的检定结果才有效。此法一般多用于活菌苗或类毒素的效力检定。

②变量免疫定量攻击法。

此法也可称之为“50%有效免疫剂量ED50测定法”。将疫苗或类毒素稀释成不同的免疫剂量，分别使各组动物（小鼠）产生免疫，间隔一定时期后，各免疫组均用同一剂量的活菌、活毒或毒素进行攻击，观察一定时间，用统计学方法计算出能使50%的动物获得保护的免疫剂量。

③定量免疫变量攻击法。

此法也可称之为“保护指数（免疫指数）测定法”。动物经抗原免疫后，其对毒菌或活毒攻击的耐受量相当于未免疫动物耐受量的倍数，称为“保护指数”。如对照组用10个毒菌即可使动物死亡一半，而免疫组必须用1000个毒菌才能使动物死亡一半，那么免疫组的耐受量为对照组的100倍，表明免疫组能保护100个LD50，即该疫苗的保护指数为100。此法常用于疫苗的效力检定。

（2）活疫苗的效力测定。

①活菌数测定。

活菌苗多以制品中的抗原菌的存活数表示效力。检测方法是先用比浊法测出制品的含菌浓度，然后做10倍稀释，从最后几个稀释度（估计接种后能长出1～100个菌）中取一定量菌液涂布接种于适宜的平皿培养基上，培养后计取菌落数，并计算活菌率。

②活病毒滴度测定。

活疫苗多以病毒滴度表示其效力，常用组织培养法或鸡胚感染法测定。

（3）抗毒素和类毒素的单位测定。

①抗毒素单位（U）测定。

目前国际上都采用国际单位（U）数表示抗毒素的效价。国际单位是人为的一个尺度，它的定义是：与一个L+量（致死限量）的毒素作用后，给小鼠注射，仍能使该小鼠在96h左右死亡的最小抗毒素量，称为“一个抗毒素单位”。

②絮状单位（Lf）测定。

能和一个单位抗毒素首先发生絮状沉淀反应的类毒素（或毒素）量称为“一个絮状单位（Lf）”，常用絮状单位数表示类毒素或毒素的效价。

（4）血清学试验。

预防用的生物制品使动物或人体产生免疫后，可刺激机体产生相应抗体。抗体形成水平，也是反映制品质量的一个重要方面。用血清学试验可检查抗体或抗原的效价。所谓血清学试验，是指体外抗原抗体试验。抗原抗体反应具有高度的特异性，只要一方已知，即可检测出各种类型的反应，如凝集反应、沉淀反应、中和反应和补体结合反应，以上四种类型反应即所谓的“经典血清学反应”。在此基础上经过不断地改进技术，又衍生出许多快速而灵敏的抗原抗体反应，诸如间接凝集试验、反向间接凝集试验、各种免疫扩散、免疫电泳以及荧光标记、酶标记、标记等高度敏感的检测技术。

（三）生物药物常用的定量分析法

1. 酶法

酶法通常包括两种类型：一种是酶活力测定法，是以酶为分析对象，目的在于测定样品中某种酶的含量或活性，测定方法有取样测定法和连续测定法；另一种是酶分析法，是以酶为分析工具或分析试剂，测定样品中酶以外的其他物质的含量，分析的对象可以是酶的底物、酶的抑制剂和辅酶活化剂，检测方法可采用动力学分析法和总变量分析法。两者检测的对象虽有所不同，但原理和方法都是以酶能专一而高效地催化某化学反应为基础，通过对酶反应速度的测定或对生成物等的浓度的测定来检测相应物质的含量。

2. 电泳法

由于电泳法具有灵敏度高、重现性好、检测范围广、操作简便并兼备分离、检定、分析等优点，故已成为生物技术及生物药物分析的重要手段之一。电泳法的基本原理是：在电解质溶解中带电粒子或离子在电场的作用下以不同的速度向其所带电荷的相反方向迁移，电泳分离就是基于溶质在电场中的迁移速度不同而进行的。根据电泳的分离特点及工作方式，电泳可分为三大类：自由界面电泳、区带电泳、高效毛细管电泳。常用的电泳法有纸电泳法、醋酸纤维膜电泳法、聚丙烯酰胺凝胶电泳法、SDS－聚丙烯酰胺凝胶电泳法、琼脂糖凝胶电泳法等。

3. 理化法

（1）重量法。

根据样品中分离出的单质或化合物的重量测定其所含成分的含量。根据被测组分分离方法的不同，可分为提取法、挥发法、沉淀法。

（2）滴定法。

根据样品中某些成分与标准溶液能定量地发生酸碱中和、氧化还原或络合反应等进行测定。

（3）比色法。

样品与显色剂可发生颜色反应，可依颜色反应的强度测定含量。

（4）紫外分光光度法。

样品或转化后的产物在某一波长处有最大吸收，在一定的浓度范围内，若其浓度与吸收度成正比，则可进行定量测定。

（5）高效液相色谱法。

高效液相色谱法（HPLC）的种类很多，应用也十分广泛，生物药物分析中常用的方法有：反相高效液相色谱法（RP - HPLC）、高效离子交换色谱法（HPIEC）、高效凝胶过滤色谱法（HPGFC）等。

4. 生物检定法

生物检定法是利用药物对生物体（整体动物、离体组织、微生物等）产生作用来测定其效价或生物活性的一种方法。它以药物的药理作用为基础，生物统计为工具，运用特定的实验设计，通过供试品和相应的标准品或对照品在一定条件下比较产生特定生物反应的剂量比例，来测得供试品的效价。生物检定法的应用范围包括：

（1）药物的效价测定。

对一些采用理化方法不能测定含量或理化测定不能反映临床生物活性的药物，可用生物检定法来控制药物质量。

（2）微量生理活性物质的测定。

一些神经介质、激素等微量生理活性物质，由于其具有很强的生理活性，在体内的浓度很低，加上体液中各种物质的干扰，很难用理化方法测定。而不少活性物质的生物测定法灵敏度高、专一性强，对供试品稍作处理即可直接测定。

（3）中药质量的控制。

中药成分复杂，大部分中药的有效成分目前尚未搞清，难以用理化方法加以控制，但可用一些以其疗效为基础的生物测定方法来控制其质量。

（4）某些有害杂质的限度检查。

如农药残留量、内毒素等致热物质、抗生素及生化制剂中降压物质的限度检查等。

第四章　生物技术药物研发趋势

根据基因重组药物、基因治疗学的发展以及全部药物的现状，可以将药物分为四大类，即：

（1）基因药物：治疗基因、反义核酸和核酶等。

（2）重组药物：基因重组生物活性蛋白质、多肽及其修饰物、抗体、疫苗、连接蛋白、嵌合蛋白、显性阴性蛋白、可溶性受体等。

（3）天然药物：以动物、植物、微生物及海洋生物作为来源的药物。

（4）合成、半合成药物。

上述分类，基本包含了药物的全部内容，概念也比较清晰。其中（1）、（2）类属生物技术药物，在我国按“新生物制品”研制申报；（3）、（4）类因来源不同可按化学药物或中药类研制申报。在上述四大类药物中，生物技术药物占了四类中的两类，由此可见生物技术药物在未来发展的重要性。本章主要论述了生物技术药物即基因药物和重组药物的研发趋势。

一、基因药物研发

在 2009 年 *Science* 杂志公布的年度十大科学进展中，基因治疗位列其中。在基因技术迅猛发展的今天，基因治疗的范围已经从遗传病扩展到肿瘤、传染病、免疫缺陷病、心血管疾病和神经系统疾病等领域。新近开发的基因治疗药物还在扩大治疗领域，但热门病种主要仍集中在肿瘤和神经系统疾病上。前者成为热点是因为肿瘤患者容易接受基因治疗，且伦理问题也比较少，从 1989 年第一个基因临床治疗药物开始至 2010 年，*J Gene Med* 杂志数据库统计的基因临床治疗项目已经达到 1567 项，其中肿瘤基因治疗 1107 项，约占 2/3。肿瘤的基因治疗的重点在靶基因的选择上，可以分为癌基因、抑癌基因、生长因子及其受体、细胞信号转导系统功能分子、细胞周期调控物质、酶类等基因。许多癌基因的高表达，原癌基因及肿瘤相关基因的激活都与肿瘤细胞密切相关。抑制此类基因的表达，封闭肿瘤药物抗性基因表达均可达到抑制肿瘤相关性状和肿瘤发生的目的。后者即基因药物用于神经疾病的治疗，是因为大分子蛋白质难以透过血脑屏障，采用立体定向局部脑组织注射蛋白质基因具有不可替代的优势，因而受到研究者的广泛关注。在神经疾病治疗中，基因移植途径是通过间接和直接两种方法向大脑特定部位如黑质纹状体导入治疗基因。其中，间接方法是在体外用携带治疗基因的表达载体转染培养细胞后再移植于脑内，如将目标基因转至各种干细胞中后再移植，期望同时发挥基因治疗和干细胞治疗的作用；直接方法则是将携带治疗基因的表达载体直接注射于脑内，以达到治疗的目的。

随着基因药物自身特性的改善，相信其在疾病治疗的广度和深度上均会有较大的发展。目前对于基因药物的研发，主要集中在以下几个方面。

（一）新的靶基因的寻找

基因治疗面临的首要问题是靶标的选择。以抗癌药物研发为例，癌症的发生具有复杂性，在癌症发生发展的过程中，涉及多基因的协同作用。最常发生的两类基因的异常变化是：癌基因（oncogenes）及抑癌基因（cancer suppressor genes）的变化。

癌基因是指编码的产物与细胞的肿瘤性转化有关的基因。它以显性的方式作用，对细胞生长起阳性作用，并促进细胞转化。抑癌基因正常时具有抑制细胞增殖和肿瘤发生的作用。许多肿瘤中均能发现抑癌基因的两个等位基因缺失或失活，失去细胞增生的阴性调节因素，从而对肿瘤细胞的转化和异常增生起作用。通过基因治疗手段寻找并抑制癌基因的转录表达来导入或激活抑癌基因。上调抑癌基因的转录表达是癌症基因治疗的主要开发策略。

近期研究发现，某些肿瘤的生成和发展明显依赖于某个癌基因，该基因一旦失活，这些癌细胞就会发生异于正常癌细胞的改变，如出现生长抑制、凋亡等现象；而对正常细胞来说，这个癌基因的失活并不会导致其出现上述现象。Weinstein 等将这一现象解释为癌基因成瘾或癌基因依赖（oncogene addiction），并提出相应的癌基因成瘾理论。癌基因依赖现象的发现和癌基因成瘾理论的提出为分子靶向药物的研发提供了一种新思路。根据癌基因依赖理论，只要寻找到某一类癌细胞的依赖性癌基因，就有可能开发出它的特异性抑制剂或阻断剂，即分子靶向药物。

当前科学家用于寻找依赖性癌基因的方法主要有 RNA 干扰、基因组分析、高通量的蛋白功能分析、基因敲除等。小分子 RNA（如 shRNA、反义 RNA、microRNA 等）能够使特定的癌基因沉默，使癌细胞呈现出相应的缺省表型，通过对细胞周期（细胞流式仪法）、生长和凋亡（凋亡通路 caspase 等）进行分析，人们可以找出哪个癌基因是癌细胞所依赖的。因此，这种方法日益受到人们的青睐。但这种方法也有不足之处，如高效、专一的干扰 RNA 分子设计比较困难，RNA 转染时易产生复杂的背景效应，如干扰效应、脱靶与错靶现象、与癌细胞自身的 microRNA 产生竞争行为等。所以，很多通过 RNA 干扰初步筛选出来的靶基因，很可能是由于非特异性靶向、毒性所致的假象，需要用其他方法如基因敲除进行进一步的验证。Rb 基因是第一个被发现和鉴定的抑癌基因，它是在研究少见的儿童视网膜母细胞瘤中发现的，后来也在成人的某些常见肿瘤，如膀胱癌、乳腺癌及肺癌中发现了它的丧失或失活现象。第二个被鉴定的抑癌基因 p53 在大多数的人类癌症如白血病、淋巴瘤、肉瘤、脑瘤、乳腺癌、胃肠道癌及肺癌等中常呈失活现象。p53 的突变可见于高达 50% 以上的人类癌症中，它是人类恶性肿瘤中最常见的基因改变。Fujiwara 等的研究表明，用腺病毒介导的 p53 基因（Ad－p53）治疗肺癌及其他肿瘤以增加 p53 表达，可以明显抑制肿瘤血管生成，并抑制肿瘤转移。2003 年 10 月中国国家食品药品监督管理局批准了基因治疗药物“今又生”的商业化销售，“今又性”成为世界上第一例国家批准的基因治疗药物。该药物就利用重组腺病毒技术在肿瘤细胞里表达 p53 抑癌基因。到 2005 年年底，全国 22 个省市 150 多家三甲医院的 3100 多名病人接受了该药物的治疗，治疗的恶性肿瘤达 43 种，表明其抗癌具有广谱性。2005 年 11 月，第二个基因治疗药物——重组人 p53 腺病毒注射液 H101 又获国家一类新药许可。H101 主要用于治疗鼻咽癌等头颈部肿瘤，并对非小细胞肺癌、肠癌、软骨肉瘤等癌症具有明显疗效。此外，新的抑癌基因正在不断涌现，如与乳腺癌关系密切的 BRCA1 和 BRCA2，与胰腺癌有关的 DPC4，与肾细胞癌有关的 VHL 等抑癌基因已被发现；还有与肝癌有关的 M6P/IGF2r 基因，位于染色体 3p14.2 上的 FHIT 基因等也是抑癌基因的候选者，相关研究大多处于临床前研究阶段。

（二）基因药物的修饰

按照修饰目的，可分为以下几个方向：

1. 提高基因药物的稳定性

核酸进入体内后易被核酸酶降解，难以达到有效滴度。在实际应用中，核酸的稳定性成为关键问题。目前主要通过碱基修饰、骨架修饰以及脂质体包裹等方法来增加其稳定性。

小干扰 RNA（siRNA）是产生 RNA 干扰的功能分子，在作为基因研究工具和治疗药物方面具有广泛的前景。为了改善 siRNA 的性质，研究人员使用了各种化学修饰方法。有些修饰可以针对双螺旋 siRNA 中的大部分碱基，有些修饰则只能用于指定种类。硫代磷酸连接臂是最具潜力的修饰方法之一。硫代磷酸连接臂的引入可以增强抗核酸酶降解的稳定性，但不会对它们的沉默能力造成影响。其他修饰还有硼代磷酸连接臂，2' - O - 甲基、2' - O - 甲氧乙基、2' - 氟、锁核酸（LNA）、2' - 脱氧 - 2' - 氟 - β - 阿拉伯糖核酸（FANA）、Tricydo - DNA（Tc - DNA）等。相对于未修饰的 RNA，全用 FANA 取代的正义链更有效且更稳定，而含 Tc - DNA 的 siRNA 沉默活性比未经修饰的 siRNA 高。此外，胆固醇修饰的 siRNA 在细胞实验和动物体内实验中也表现了很好的药物理化性质。

经典的反义寡核苷酸（ODN）对核酸酶的稳定性较差，不易透过细胞膜，因而在应用上也受到了限制。1991 年丹麦生物化学家 Peter Nielsen 等成功研制出人工合成的第 3 代反义试剂——肽核酸（Peptide Nucleic Acid，PNA）。肽核酸的特点是以中性的肽链酰胺 2 - 氨基乙基甘氨酸键取代了 DNA 中的戊糖磷酸二酯键骨架，其余与 DNA 相同。肽核酸可以通过 Watson - Crick 碱基配对的形式识别并结合 DNA 或 RNA 序列，形成稳定的双螺旋结构。由于 PNA 不带负电荷，与 DNA 和 RNA 之间不存在静电斥力，因而结合的稳定性和特异性都大为提高。不同于 DNA 或 DNA、RNA 间的杂交，PNA 与 DNA 或 RNA 的杂交几乎不受杂交体系盐浓度影响，与 DNA 或 RNA 分子的杂交能力远优于 DNA/DNA 或 DNA/RNA，表现为很高的杂交稳定性、优良的特异序列识别能力、不被核酸酶和蛋白酶水解。

核酶（Ribozyme）是 1989 年发现的具有生物催化活性，能特异性地自我剪切的 RNA 分子。这一发现打破了“酶的化学本质是蛋白质”的传统观点，更给 mRNA 水平反义基因干预治疗注入了新的活力。核酶可使靶基因失活，并且催化效率较反义寡核苷酸有明显提高，因而比反义寡核苷酸更具优势。细胞内含有大量核酸酶，因此核酶在体内很容易被降解。用脂质体包裹来实现核酶的可控释放，能起到保护核酶不被降解的作用。阳离子脂质体 Lipofectin 与核酶以静电相互作用形成复合物，可提高稳定性、延长存留时间并增加细胞吸收。此外，脂质体也可用于提高 siRNA 在血清中的稳定性，降低药物肾排泄并提高细胞对药物的吸收。但其缺点是大小难以控制（50～1000rim），而且带有正电荷的脂质体毒性较大。

此外，近年来基因药物的修饰研究日趋多样化，如使用特殊活性的肽段修饰来提高基因药物稳定性。Kubo T 等将脱氧核酶与信号肽结合起来，以此来提高核酶抗 Dnase I 水解和透过细胞膜的能力，从而获得更高的催化效率。

2. 提高基因药物的传输效率

目前研发了许多基因药物，这些基因药物具有良好的体内或体外治疗效果，但是在临床上，基因治疗面临的另一个主要问题是如何将基因递送到目的部位，使得外源基因在目的细胞中高效稳定地表达，这在很大程度上取决于基因治疗采用的载体系统。例如 RNA 干扰基因治疗的难点在于 siRNA 的传输。这主要是因为 siRNA 双链骨架上的磷酸盐基团带负电荷，而生物体细胞膜也带负电荷，两者彼此排斥。假设没有传输载体的帮助，siRNA 难以自动越过细胞膜。

目前使用的载体系统有十余种，可分为病毒和非病毒载体两类。在实际方案中，病毒载体约占 85%，因为非病毒载体转移效率较低，目前尚无法满足疾病的临床治疗要求。而另一方面，只有少数病毒能够改造成为基因治疗所需要的载体。目前，研究最多的是反转录病毒（RV）、慢病毒（LV）、腺病毒（AV）、腺病毒相关病毒（AAV）、单纯疱疹病毒（HSV）等。采用病毒载体存在产物免疫原性，对宿主细胞毒性等存在安全问题。AVV 载体目前被公认为是基因治疗中最安全的病毒载体。其中重组腺病毒相关病毒（rAVV）已用于肝、肺、脑、肌肉、视网膜及血液系统多种器官的遗传性疾病、心血管疾病和自身免疫性疾病的研究。美国研究者以 rAAV2 作为载体采用基因药物治疗血友病 B 囊性纤维化病，已进入临床试验阶段。2007 年美国康奈尔大学 Weill 医学院的研究者使用 AVV 作为载体将 AVV－GAD65 基因注射入患者的丘脑底核，结果显示其可显著改善帕金森症状，目前已经开展 II 期临床试验。

近年来非病毒载体如高分子类载体等也得到了广泛关注和深入研究。高分子类载体品种繁多，其相对于其他载体的优势极为明显，如：不易引发免疫反应；可盛载数量较多的基因药物；有多种多样的化学结构可供选择；可提高基因药物的储存稳定性和循环稳定性。高分子类载体的应用机理是：首先，高分子类载体材料可通过静电吸引、包覆或吸附的方式与基因药物结合形成复合体。例如，线状的或支链状的聚乙烯亚胺（Polyethyleneimine，PEI）在中性 pH 条件下是带正电的高分子，通过调节 PEI 和基因药物的比值可以获得大小合适的运载复合体，从而实现基因传输。PEI 载体的基因转染效率与相对分子质量有关，最近有文献报道相对分子质量小的 PEI（7000）有更好的转染效率和更低的毒性，但目前仍然普遍使用 PEI（25000）作为基因药物载体。聚酯胺（PEA）载体是新一代的阳离子多聚物载体。2005 年以来对 PEA 载体的研究不断深入，发现其具有较 PEI 更高的基因转染效率和生物相容性。另外，美国北卡罗来纳大学实验组采用 PRINT（Particle Replication in Non. wetting Templates，在非浸润模板中制作纳米颗粒）技术制作的纳米级颗粒具有良好的运载基因药物效果。在用 PRINT 纳米颗粒作为载体运载 siRNA 的实验中，荧光素酶表达量和细胞存活率两项检验证明了 PVP－PRINT 纳米颗粒经过成分优化可达到 65% 的基因抑制效率。从中可见，以 PRINT 纳米颗粒作为载体有着巨大的发展潜力。其次，在靶细胞内部，高分子类载体运载复合体时可通过自身的结构特征引发复合体的降解，释放基因药物。比如，许多高分子类载体中包含了双硫键，大多数哺乳动物细胞内都含有的谷胱甘肽可将双硫键还原成两个巯基，从而破坏了高分子交联体系，释放出基因药物。

此外，研究者还试图通过靶向载体的修饰，实现基因药物更加精准的传输，即定向转运。如将靶向肝细胞的 N－乙酰基半乳糖胺或靶向肿瘤的叶酸连接在核酶上，可能有利于核酶的定向转运。Elfinger 等将 β2－肾上腺素受体（β2－AR）激动剂克伦特罗（Clenbutero，Clen）连接到分枝状 PEI 上，得到 Clen－g－PEI 载体。体外细胞实验和动物体内实验证明 Clen－g－PEI 载体可以有效标记肺泡上皮细胞。相比未经修饰的 PEI 载体，Clen－g－PEI 可将基因对体外培养的肺泡上皮细胞以及小鼠肺部的转染效率提高至 14 倍。此外，一种更为精细的 SALP 阳离子脂质体甚至能在肿瘤或炎症部位富集，改善核酸药物的药效学性质，具有应用于治疗的潜力。

3．基因药物给药途径的优化

基因药物由于其自身的不稳定性，在研发初期为了保证药效的最大化，都选择注射给药。而随着基因药物的研究深入，剂型改良也逐渐成为研发热点。主要开展了以下几方面的研究：

（1）口服制剂的开发。

口服给药由于有服用方便、病人依从性好、治疗费用低等优势，因而是最常见的给药途径。但长期以来，基因药物的给药以注射途径为主，因为口服给药存在多种限制因素：①胃中的低 pH 可使 DNA 脱嘌呤化。②消化酶易降解治疗基因。③常用基因载体难以被肠上皮细胞摄取。因此，基因药物相关释药技术的发展明显滞后于其本身的发展。

目前口服基因运送系统载体也可分为病毒类载体和非病毒类载体两大类。已开发的载体有壳聚糖、脂质体、反转录病毒、慢病毒、疱疹病毒和腺病毒。

病毒类载体如腺病毒转基因的表达时间短，适用于炎症等急性疾病的治疗。而对于糖尿病或肿瘤等慢性病的治疗，则需要转基因的长期表达。反转录病毒可以转导基因的长期表达，并仅转导 M 期细胞，理论上特别适合转导处于增殖状态的胃肠道上皮细胞。但在动物体内转基因表达不尽如人意，可能是载体中前病毒序列的选择性甲基化所致。人 41 型腺病毒（Ad41）是肠道疾病的病原之一。Ad41 具有耐酸性，是天然的肠道病原，被认为是肠道基因传输的首选组织特异性载体，有发展为口服基因载体的潜力。但其难以在体外培养，又称为“难养腺病毒”。如何体外“驯服”Ad41 因其是开发相应基因运送系统研究的第一步而受到研究者的广泛关注。但是病毒载体也存在一些缺陷，如免疫原性高、毒性大、目的基因容量小、靶向特异性差，因此非病毒载体也在开发中。有研究表明，壳聚糖不仅易与带负电荷的 DNA 等遗传物质结合而形成纳米微粒，还具有无毒、易获得、生物可降解、稳定、生物相容、能抵抗胃肠道环境（pH、核酸酶）对药物的破坏、生物黏附性强、可促进药物渗透吸收等优点，是口服基因药物的优良载体。Bowman 等将口服壳聚糖基因药物用于血友病 A 的治疗中，80% 的实验鼠血液中检出活性凝血因子Ⅷ表达产物，出血现象得到明显改善，只有口服质粒 DNA 组没有明显效果。

口服基因治疗为基因性疾病或常规方法不能治疗的疾病提供了方便的途径，而且在剂量和安全性方面存在的问题要小得多。除了进行消化道基因治疗外，通过口服基因疫苗产生免疫力也存在可能性。最近 Rajeshkumar 等发现用载有 VP28 基因的壳聚糖纳米粒喂养对虾 7 天后能有效地使其对对虾白斑综合征病毒产生免疫力，病毒感染后存活率可达 100%，而对照组对虾则全部死亡。

（2）基因药物经呼吸道给药。

呼吸道给药又称“吸入给药”，与口服给药相比，吸入给药可直接到达作用部位，避免肝脏首过效应，吸收起效快，生物利用度高。与注射给药相比，吸入给药制剂具有贮存、携带、使用方便，以及患者安全性和顺应性高等优点，同时可减轻或避免部分药物产生不良反应。呼吸道疾病的基因治疗研究最初集中在肺部囊性纤维化（Cystic Fibrosis，CF）的治疗上，截至2006年，用于CF治疗的基因药物已有21项进入临床研究。此后随着基因药物的不断发展，肺癌、哮喘等疾病的呼吸道基因治疗逐渐成为研究热点。

但是，基因药物呼吸道给药发展至今，面临着给药效率低下、给药剂量难以控制、药物分布不均匀以及给药载体的毒性反应等难题。未来肺部呼吸道基因治疗预计会集中在基因药物的创新、新型基因载体的开发以及给药装置的改进上，以解决上述问题。从目前的发展趋势看，RNA药物正在逐步替代DNA药物，经多种修饰的阳离子高聚物载体正在逐步替代最初的阳离子脂质体和阳离子高聚物载体，靶向技术将更为特异，从靶向一类细胞到靶向单个细胞甚至是靶向细胞中的特定细胞器，而给药装置也将更加丰富。

4. 多基因联合治疗

虽然采用不同载体、不同基因的临床治疗报道甚多，但到目前为止，还只有一种基因药物“今又生”真正在临床上使用，且其治疗效果还有待进一步确定。王启钊等认为，只针对单一的异常基因展开治疗是其效果不理想的原因之一。肿瘤的形成是多因素、多步骤和多基因参与的复杂过程。比较流行的癌症发生理论认为，10个或10个以上基因的改变才能导致肿瘤表现出临床症状。单一的基因治疗忽略了肿瘤状态变化过程中众多相对独立突变之间的相互关系，往往只成功抑制了信号通路中的一条分支，其他分支的代偿性增加导致治疗的效果不明显，甚至无效。近年来，多基因联合治疗的实验研究已有不少报道，李保卫在RNA联合干扰在肿瘤治疗中的应用研究实验中，将以N－ras和c－Myc为靶点的shRNA模板序列构建到一个载体中，使一个载体在导入细胞后可同时抑制两个基因的表达，通过RT－PCR和Western检测发现，双干扰载体可以同时抑制N－ras和c－Myc基因的表达。检测细胞生长曲线和凋亡染色时发现，双干扰载体对HepG2细胞的抑制要强于单基因干扰。目前多基因联合治疗在临床上的应用研究还没有大规模地展开，这是因为其要求要非常明确各个基因的疗效、作用机理，因此，如何选择两个甚至多个具有协同作用的治疗基因是接下来研究的重点方向之一。

5. 多手段联合治疗

基因治疗有两种途径：体外（ex vivo）途径及体内（in vivo）途径。体内途径是将外源基因装配于特定的真核细胞表达载体上，直接导入体内。体外途径则是将含外源基因的载体在体外导入人体自身或异体细胞（或异种细胞），经体外细胞扩增后，再输回人体。

用作基因治疗的载体细胞需具备如下条件：①取材方便，含量丰富。②易在体外处理和植入体内。③能有效培养，克隆扩增。④能被冷冻保存以便以后使用。⑤能在体内自我更新和自我维持以便转导的基因能在体内终生存在且长期或永久地表达，纠正细胞缺陷。

神经干细胞（NSCs）是一类理想的基因治疗的载体靶细胞。众多研究显示，神经干细胞脑内移植可有效地修复中枢神经系统损伤，而很多神经系统变性疾病不是不连续的局灶，而是广泛的、多病灶的、全脑的病理改变，这些改变是不能被单纯的神经移植所逆转的。随着人类基因组计划的完成，NSCs 的临床应用与基因治疗的有机结合成为治疗中枢神经系统疾病的一种新的强有力手段。根据目前的研究，能和 NSCs 载体组合的目的基因包括了报告基因、神经营养因子基因、递质合成酶基因等。Kmi 等将永生系的人 NSCsHB1. F3 转染 TH 基因和 GTPCH1 基因，然后移植到帕金森氏病大鼠脑中，移植后发现移植 TH 基因和 GTPCH1 基因修饰的永生系人 NSCsHB1. F3 组帕金森氏病大鼠的症状明显得到控制，而单纯移植永生系的人 NSCsHB1. F3 组的症状未得到控制。同时，在移植部位可检测到大量 TH 阳性的 F3. TH. GTPCH1NSC s。Fukuhara 等用转导 β－葡萄糖苷酸酶基因的 NSCs 治疗粘多糖综合征新生鼠，发现 β－葡萄糖苷酸酶活性在整个中枢神经轴中表达，能纠正神经元和胶质细胞的粘多糖聚集。治疗组动物能长大成熟，其行为、神经功能均恢复正常，而非治疗对照组动物在成熟前全部死亡。近年，NSCs 参与自杀基因/前体药物体系治疗胶质瘤，这是一种较有前途的治疗方法，主要特点是存在旁观者效应，即在转导了自杀基因的肿瘤细胞死亡以后，还可引起周围邻近的肿瘤细胞死亡。Li 等将 HSV－tk（型单纯疱疹病毒胸苷激酶）基因转导入 NSCs，即为 NSCs－tk，结果发现，旁观者效应与未转导 HSV－tk 基因的瘤细胞中连接蛋白－43 的表达相关，NSCs－tk 完全能通过旁观者效应杀伤肿瘤细胞。

树突状细胞（Dendritic Cells，DC）是目前人体内最重要的、抗原呈递能力最强的抗原呈递细胞（Antigen－Presentingcell，APC），是体内唯一能活化静息 T 淋巴细胞的抗原呈递细胞，是机体免疫应答的始动者，在抗肿瘤免疫中发挥着极其重要的作用。肿瘤患者体内的 DC 往往存在缺陷，不能有效呈递肿瘤抗原，导致免疫无能或免疫耐受，因而形成肿瘤。将各种基因转染入 DC，使其功能更加完善，可更有效地发挥抗肿瘤作用。基因转染的 DC 疫苗因其具有很多独特的优点而成为当今 DC 疫苗的研究热点之一。DC 的修饰方法有肿瘤核酸修饰、细胞因子基因修饰、肿瘤标志物基因修饰、共刺激分子和黏附分子基因修饰等多种。此外，近年来存活素也成为修饰 DC 较理想的基因抗原。存活素（Survivin，SVV）是近年发现的凋亡抑制蛋白家族新成员，在肿瘤组织表达方面具有特异性。存活素能促进肿瘤细胞的凋亡并抑制其增殖，正常组织不受影响而免于受损。孙华文等研究发现利用脂质体法将存活素基因转染入 DC，转基因 DC 能分泌更高水平的 IL－12 和 TNF－a；转基因 DC 表面能高度表达 CDIa、CD83、MHC Ⅱ、CD80、CD86；存活素基因转染修饰的 DC 能诱导细胞毒性 T 淋巴细胞的特异性，显著提高 DC 的抗原提呈功能，在体外能诱导针对胃癌、结肠癌、胆管癌的高效而特异的抗癌免疫效应。赖海标等利用重组腺病毒介导存活素基因转染 DC，也得到了相同的结论。

此外，其他细胞如免疫细胞等与基因治疗联合的研究也很多。如 Ronald T Mitsuyasu 等给患者回输携带抗 2HIV 核酶（OZ1）的自体 CD34＋细胞，OZ1 组中 CD4＋淋巴细胞计数要远高于对照组。此项研究提示 Ribozyme 在 HIV2 Ⅰ 感染者体内具有生物活性，有望成为常规治疗药物。同时提示自体细胞携带外源基因是安全的。虽然到目前为止，基因联合细胞治疗的研究有许多还处于试验阶段，有许多关键性问题尚未解决，但其已显示出巨大的潜在价值和诱人的前景。如果能找到疾病的发病机制及相应使用的目的基因开放与关闭机制，同时转入多种外源性基因，让其相互作用及调节，就能更有效地促进疾病的治疗。

（三）结语

基因治疗的原理是可行的，但是，如何将这些原理应用到实际治疗中仍然面临很多的困难，以上大部分研究和治疗方案仍处于临床前试验或早期的临床试验阶段。虽然基因治疗的第一代药剂已经进入临床，并显示出了一定程度的疗效，但现在要对基因治疗的效果得出一个结论还为时过早。

目前基因治疗存在的问题有：

（1）基因治疗的时效性。

在使用基因治疗的方法导入正常基因之后，被导入的靶细胞必须是能够在较长时间里保持稳定功能的活细胞。然而，用于治疗的 DNA 并不能完全整合到基因组中，很多细胞特别是癌细胞也一直处于快速分裂状态。这些都使基因治疗无法维持长期的治疗效果，病人需要进行多轮的基因治疗。

(2) 免疫反应。

当一个外源物质导入人体组织后，无论怎样，都会引发机体的免疫反应。因此，任何手段的基因治疗都可能因激活免疫反应而出现较差的治疗效果。此外，免疫系统对已免疫的抗原反应更强，这使得在同一个病人身上进行重复的基因治疗变得更加困难。

(3) 病毒载体的安全性。

目前在大多数基因治疗研究中，研究人员使用了病毒载体作为导入治疗基因的载体。尽管病毒载体已经经过多次人工改造，但对于病人而言仍然存在着包括细胞免疫、病毒毒性等很多问题。

(4) 引发肿瘤的可能性。

在基因治疗时，如果目的 DNA 被整合到基因组中的错误位置，例如插入到了一个抑癌基因中，就可能引发新的肿瘤。在治疗 X 染色体连锁的 SCID 病人时，医疗人员曾用反转录病毒向病人的造血干细胞导入治疗基因，后因插入性突变导致 20 个病人中有 3 人诱发 T 细胞白血病。

(5) 宗教上的顾虑。

宗教群体以及信奉创世论的人群认为，基因治疗试图改变个体基因的行为是对上帝的亵渎，同时，以人为对象的遗传工程操作也受到了社会舆论的批评。社会观念的转变需要时间，其难度不亚于科学和技术上的阻碍。

1999 年，由于治疗时采用的腺病毒载体产生了严重免疫反应，年仅 18 岁的 Jesse Gelsinger 成为第一个因基因治疗而死亡的人。这也警示人们对基因治疗不能过于乐观，基因治疗作为一个拥有光明前景的治疗手段，还有很长远的路要走。

二、重组药物的研发趋势

在这里重组药物主要指重组蛋白质药物。重组蛋白质药物可分为多肽和基因工程药物、单克隆抗体和基因工程抗体、重组疫苗等。与以往的小分子药物相比，蛋白质药物具有高活性、特异性强、低毒性、生物功能明确、有利于临床应用的特点。1982 年美国礼来公司首先将重组胰岛素投放进市场，标志着第一个重组蛋白质药物的诞生。对重组药物的研发趋势，我们可以从以下四方面进行概述，即新生物实体的研发、表达系统的完善、重组药物的修饰与改造以及给药途径的优化。

（一）新生物实体的研发

与化学物中的新化学实体/新分子实体相对应，新生物实体已经成为下一代治疗药物中最有潜力的部分。经过 30 年来的研发，多种蛋白、重组多肽、重组抗体已经成为上市药物。寻找新的药物靶点及新生物实体、运用更复杂的技术进行改构、突破重组药物剂型限制等将变得更为重要和更有挑战。新的重组药物将向更加多元化发展，下面几个方面无疑将受到更多关注：

1. 单克隆抗体

从目前美国 FDA 批准上市的重组药物来看，单克隆抗体占有半壁江山。仅在美国就有 21 个抗体药物已经被批准上市。正在临床试验的数百个抗体药物也显示出巨大的发展潜力。随着基因工程技术的发展，抗体药物的研发趋势也从鼠源、人鼠嵌合、人源化发展到全人源，见图 4－1。近年获得批准的抗体药物以全人源为主。

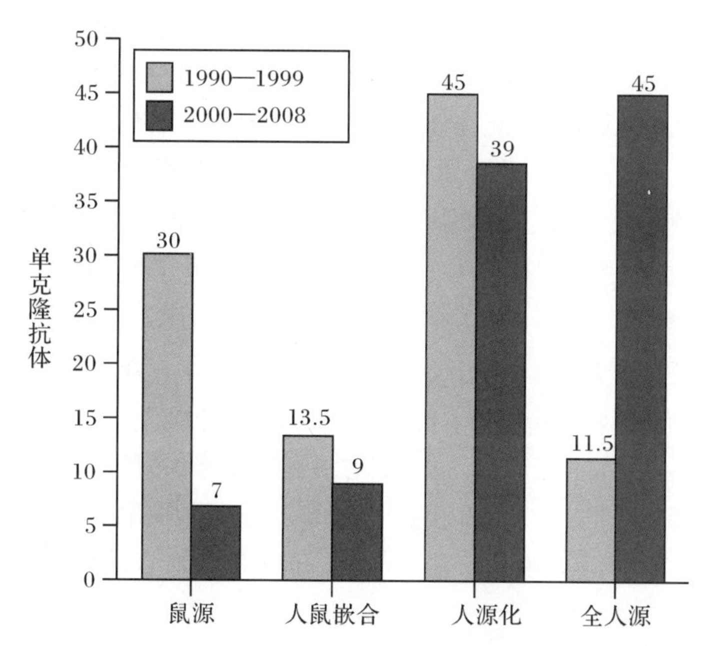

图 4－1　在 1990—1999 年和 2000—2008 年两个时期四类单克隆抗体进入临床研究阶段的百分比

抗体结合物是另一个研发趋势。通过抗体与靶向肿瘤治疗药物的结合可以在增强抗肿瘤功能的同时减低药物剂量。如同位素标记抗体药物能靶向肿瘤进行放射性治疗，有效扩大治疗指数，并降低同位素对于全身正常细胞的毒性作用。此外，抗体还可以与特定的细胞毒性物质结合，将其运送至肿瘤组织。目前在美国上市的抗体结合物仅有 1 个，名为 Mylotarg，是人源化抗 CD33 抗体与细胞毒性药物 Qzogamicin 的结合物，其适应症是老年急性成髓细胞性白血病。另外，还有 9 个抗体结合物已经进入临床研究。抗体还可以与免疫毒素结合，后者也在细胞内发挥作用。在大多数情况下 1 个分子可以杀死 1 个细胞，其对肿瘤细胞的杀伤力取决于几个生化特征，如抗原结合的亲和性、内化率以及毒素本身的毒性强度。目前，还没有任何一个免疫毒素与抗体结合的药物上市，但进入Ⅰ期和Ⅱ期临床试验的至少有 5 个。抗体导向的酶前体药物治疗还在临床前研究阶段，但也是一个很好的发展方向。此外，还可以通过构建抗体融合蛋白（基因），发展穿透力强、免疫力小的小分子抗体来增强靶向治疗的效果。

2. 重组蛋白

重组蛋白是一个大家族，包括干扰素、白介素、肿瘤坏死因子和促红细胞生成素等，临床上广泛应用于肿瘤、病毒、免疫等方面的治疗。但从总体上来说临床疗效一般，同时也较易产生严重的毒副作用和剂量依赖性，且只有部分病人对治疗敏感。目前，通过基因工程技术构建融合蛋白，靶向治疗肿瘤，已成为蛋白类药物抗肿瘤研究的主要方向。近年来研究最热并有很好应用前景的融合蛋白有 TAT - VP3 融合蛋白、TAT - PE 融合蛋白、TATm - Survivin（T34A）融合蛋白、EGF - TCSKDEL 融合蛋白、GnRH - ODD - p53 融合蛋白、LHRH - TAT - DNaseII 融合蛋白、可溶性 VEGF 受体融合蛋白等。

3. 重组多肽

蛋白质分子量大，结构级次多而复杂，人体不易吸收和利用，这减弱了其活性和生理功能，而氨基酸分子量太小，而且是单个独立，数量、功能有限。与之相比，多肽，特别是小肽、寡肽具有极强的活性和多样性。多肽涉及人体的激素、神经、细胞生长和生殖等各个领域，被广泛地应用于癌症、自身免疫性疾病、记忆力减退、精神失常、高血压和某些心血管及代谢疾病等的治疗中。

（1）抗肿瘤多肽。

肿瘤的发生是多种因素共同作用的结果，但最终都涉及到癌基因的表达调控。现已发现很多肿瘤相关基因及肿瘤产生调控因子，筛选与这些靶点特异结合的多肽，已成为寻找抗癌药物的新热点。美国科学家发现了一种含 6 个氨基酸的小肽能在体内显著抑制包括肺腺癌、胃腺癌及大肠腺癌等在内的腺癌的生长，为治疗这一死亡率很高的恶性肿瘤开辟了一条新的途径。2010 年 Cui 等从新的东亚钳蝎毒素中进行肿瘤镇痛多肽的克隆，并分析了其 DNA 的结构特点，为研究蝎毒素多肽镇痛作用建立了理论基础。然而，正如前文所述，由于肿瘤是多阶段、多因素形成的复杂性疾病，单一靶向治疗或单一靶点的药物疗效都不够理想，因此催生了新型抗肿瘤双靶点多肽。我国科学家巧妙地将作用于基质金属蛋白酶的小肽序列和作用于内皮细胞的多肽序列融合在一起，并利用基因工程的方法率先表达和纯化了该物质，获得一个双靶点的融合多肽系统。通过对该多肽系统进行生物学和药学研究，从分子、细胞及动物模型水平方面证明了其可有效作用于这两个靶点，通过抑制基质蛋白酶的活性及内皮细胞的增殖和迁移，阻止肿瘤新生血管的形成，从而有效抑制肿瘤生长和转移。其效果优于单一靶点多肽的作用。

（2）细胞因子模拟肽。

利用已知细胞因子的受体从肽库内筛选细胞因子模拟肽，成为近年国内外研究的热点。国外已筛选到人促红细胞生成素、人促血小板生成素、人生长激素、人神经生长因子及白细胞介素 1 等多种生长因子的模拟肽，这些模拟肽的氨基酸序列和与其相应的细胞因子的氨基酸序列不同，但具有相似的细胞因子活性，且有相对分子量小的优点。目前这些细胞因子模拟肽正处于临床前或临床研究阶段。Cwirla 等发现利用噬菌体表面展示技术筛选出的短肽序列与促血小板生成素（TPO）不存在同源性，但模拟 TPO 活性的短肽片段表现出与天然 TPO 相似的生物学效应。在体外研究中，该短肽表现出与受体之间具有很高的亲和力。谢琼等研究证实了 apoA－I 和 apoE 的模拟肽可以共价结合相互作用形成一种新的载脂蛋白嵌合模拟肽。这种新合成的双结构域的模拟肽可以明显促进巨噬细胞胆固醇流出，为证明其具有抗动脉粥样硬化的作用提供强有力的支持。

在应用细胞因子的过程中，不容忽视的重大问题是毒副作用以及现有的给药方式，这无疑限制了许多细胞因子生物学效应的充分发挥。为此，近年来国际上有些学者对红细胞生成素（EPO）和血小板生成素（TPO）等细胞因子的模拟肽类小分子进行了深入研究，以寻求理想、高效、安全、效果更佳的给药途径和临床适应症更广的新型药物。

（3）多肽疫苗。

多肽疫苗是目前疫苗研究领域备受关注的研究方向之一。这里主要介绍合成多肽疫苗、多抗原肽疫苗和脂肽疫苗。

合成多肽疫苗（Synthetic Peptide Vaccine）就是用化学合成抗原表位氨基酸序列法制备而成的、具有保护性作用的、类似天然抗原决定簇的多肽疫苗。这种疫苗不含核酸，是最为理想的安全新型疫苗，也是目前研制预防和控制感染性疾病和恶性肿瘤的新型疫苗的主要方向之一。2009 年 Mirshahidi 等提出了合成多肽疫苗 TPD52 能抑制癌细胞在小白鼠体内的扩散。同年，Silva-Flannery 等也发现了一种能治疗疟疾的合成多肽，并在小范围内得到了一定的应用。

多抗原肽疫苗（Multiple Antigen Peptide，MAP）是将病原微生物蛋白表面的多种 T 细胞或 B 细胞表位的氨基酸连接于树枝状的多聚赖氨酸骨架上而形成的一种具有独特三维空间结构的大分子疫苗。这种分子中含有较多的抗原表位肽，不需要载体蛋白就能对机体诱导出较高的免疫应答。这种设计方法使疫苗的一个分子中能够包含多种特异性的表位，能够很好地模拟表位构象，可诱导更好的保护力。多抗原肽疫苗已经用于人类免疫缺陷综合征病毒（HIV）、口蹄疫（FMDV）和疟原虫等多种病原的保护性抗原分析和疫苗的分子设计。

脂肽疫苗是最近 10 多年来才开发出的一种多肽疫苗，是将具有佐剂活性的脂质分子共价连接于抗原多肽链而制备成的。这种疫苗不需其他佐剂就能诱导机体产生广泛的免疫应答，而且没有佐剂的副作用，是一种很有应用前景的疫苗设计方法。例如，用脂肽 P3C 核心作为内源性佐剂，将蛋白的 T 细胞表位和 B 细胞表位与水溶性的脂肽 P3C 通过肟键连接制成四分枝的聚肟疫苗（Polyoxime Vaccin），在没有任何外源性佐剂的情况下也能具有良好的免疫原性。

（4）肽导向药物。

在肿瘤的药物治疗过程中，化学药物在体内扩散后，不仅对肿瘤，还会对健康的组织和器官起作用，因而在杀伤肿瘤的同时，也给机体带来了很大的副作用，最终影响治疗效果。只有提高药物导向的特异性，才能实现治疗的针对性和安全性。只有利用特异性作用于肿瘤组织或器官的结合分子能解决这个问题，从而改善抗癌药物的传递系统。传统的导向治疗是以单克隆抗体为导向载体的。利用噬菌体展示技术构建的随机肽库可用于确定靶细胞的特异性结合肽，即可以确定表达在不同肿瘤细胞和组织器官上特异性分子的结合肽，并以此结合肽为载体与药物相连，有效地提高定向传递治疗药物的能力。噬菌体随机肽库技术是从 20 世纪 80 年代开始发展起来的一种新兴的分子生物学技术，是指将大量随机合成的肽段与噬菌体外壳蛋白融合表达并展示于噬菌体表面，这种可以进行表面表达、有各种外源肽段的噬菌体就构成了随机肽库。用特定的靶分子通过亲和淘洗，能够高效、快速、简便地从噬菌体随机肽库中筛选到与特定靶分子结合的噬菌体肽，大大简化蛋白质表达的筛选和鉴定。宗宪磊等以人角质细胞生长因子（Keratinocyte Growth Factor，KGF）单克隆抗体为靶，对噬菌体随机肽库进行了4轮生物淘选，共获得26个与促进分裂、生长有关的碱基序列，其中有2个序列与人KGF相似；同源序列分析显示26个碱基序列的共同序列与人KGF的部分序列相似。这些与人KGF的DNA序列相似或相关的噬菌体模拟肽，有望改善人KGF的性能，促进创面愈合和改善组织工程皮肤替代物的性能。另外，Kupsch等利用细胞ELISA和荧光标记的方法，从噬菌体肽库中成功地筛选到B3和B4 2个肽段，这2个肽段能够特异性地与黑色素瘤细胞结合，而不与人外周血单个核细胞结合，经免疫组化鉴定与正常组织无交叉反应，而在肿瘤细胞上高水平表达出能与B3和B4特异性结合的分子，这使肿瘤导向治疗成为可能。同样，Poul等用乳腺癌细胞从噬菌体肽库中经过3轮淘洗，得到了3个能够特异性地与SKBR3以及其他肿瘤细胞结合，而不与正常细胞结合的噬菌体肽。

（5）抗菌性活性肽。

抗菌肽（Antimicrobial Peptides）是具有抗菌活性的短肽的总称。与抗生素相比，抗菌肽具有高抗菌活性和极低的耐药性，有望成为新一代的抗菌制剂。抗菌肽主要是通过物理渗透作用于细菌胞膜，而细菌很难改变自身的胞膜（磷脂双分子层）结构，因而不易产生耐药性。此外，抗菌肽还可作用于菌体内的多个靶点，因而菌体内任何一个靶点的改变，都不会对其耐药性产生明显的影响。在次低抑菌浓度环境下，铜绿假单胞菌经过30次传代培养，其对抗菌肽的耐药性仅增加了2～4倍，可能是由产生水解酶或改变细菌胞膜成分引起的，而在同样的情况下，细菌对庆大霉素的耐药性增加了190倍。另外，抗菌肽的最低抑菌浓度和最低杀菌浓度非常接近，是一类理想的快速杀菌剂。经过近20年的研究，已有超过1500种抗菌肽被证实有高效广谱的抗菌活性和免疫调节活性，并有大量的药物进入临床试验阶段。

尽管在体外实验中抗菌肽表现出显著的抗菌活性，但由于离子和蛋白水解酶等因素的影响，在生理条件下，这些生物活性将大大削弱，这也是限制其应用于临床的主要原因之一。例如，在肺囊性纤维化患者的高浓度肺泡液中，β－防御素失去杀灭铜绿假单胞菌的能力，不能阻止致命的慢性感染；体内的一价和二价阳离子对抗菌肽LL－37的抗菌活性也有很强的拮抗作用。研究人员正试图通过改变α－螺旋抗菌肽的疏水性、两亲性、电荷和螺旋的程度，从而提高抗菌肽的活性，增强其在生理环境中的稳定性。

（6）诊断用多肽。

多肽在诊断试剂中最主要的用途是作为抗原，检测相应病原生物的抗体。多肽抗原的特点是比天然微生物或寄生虫蛋白抗原的特异性强，且易于制备。现在用多肽抗原装配的抗体检测试剂包括：甲、乙、丙、庚型肝病病毒、艾滋病病毒、人巨细胞病毒、单纯疱疹病毒、风疹病毒、梅毒螺旋体、囊虫、锥虫、莱姆病及类风湿等。使用的多肽抗原大部分是从相应致病体的天然蛋白质内分析筛选获得的，也有些是从肽库内筛选获得的全新肽。

（7）其他药用小肽。

小肽类药物除了在上述几大方面已取得较大进展外，在其他很多领域也取得了一些进展。Stiernberg 等发现一个合成肽（TP508）能促进伤口血管的再生，加速皮肤深度伤口的愈合。Pfister 等发现一个小肽（RTR）能防止碱损伤角膜内炎症细胞的浸润，抑制炎症反应。Carron 等证实他们筛选的 2 个合成肽能抑制破骨细胞对骨质的重吸收。

（二）表达系统的完善

选择合适的蛋白表达系统并对其进行优化是外源重组基因能否成功表达的关键。目前，研究人员已发展多种蛋白表达系统，如大肠杆菌表达系统、酵母菌表达系统、昆虫细胞表达系统和哺乳动物细胞表达系统等。

1. 大肠杆菌表达系统

表达系统中最重要的元件是表达载体，表达载体包括复制起始点、筛选标记、强启动子和转录终止子，应该具有表达量高、稳定性好、适用范围广等优点。大肠杆菌中表达载体主要包括融合型和非融合型表达载体两种，其中融合型表达载体包括带纯化标签的表达载体、带分子伴侣的表达载体、分泌型表达载体和表面呈线形的表达载体。

非融合型表达是指将外源基因插入表达载体的启动子和核糖体结合位点下游，表达的非融合蛋白在结构、功能方面基本一致，保持原来的免疫原性。在构建表达载体时通常采用优化翻译起始区、将顺反子结构和原核翻译增强子结合等方法以提高表达效率。

融合型表达便于纯化、利于翻译起始，而分子量小的蛋白质以融合形式表达，可增加 mRNA 的稳定性。目前应用成功的融合表达载体包括：GST（谷胱甘肽-S-转移酶）系统、MBP（麦芽糖结合蛋白）系统、蛋白A系统、纯化标签融合系统、半乳糖苷酶系统等。带纯化标签的表达载体有利于蛋白纯化，目前应用比较广泛的有GST标签、His标签、Flag标签等。伴侣蛋白如热休克蛋白、HtrG、GroEL、GroES等能够帮助外源蛋白正确折叠，以期目的蛋白形成正确构象。

分泌型表达载体是指载体上连接的信号肽能够使蛋白质被运送到外周质、外膜甚至培养基中，可以防止宿主菌对目的蛋白的降解、减轻宿主菌代谢负荷。不同的目的蛋白需要不同的信号肽，常用的信号肽有Hly、PhoA、PelB、OmpA等。

表面表达呈现载体分为两种：一种是噬菌体表面表达呈现技术，另一种是细菌表面表达呈现技术。这类表达载体有助于蛋白质与其配体相互作用，提供活菌疫苗寻找新药。

2. 酵母菌表达系统

酿酒酵母菌是最早应用于基因工程的酵母菌，后来又使用了裂殖酵母菌、甲醇酵母菌等。酵母菌表达系统中以毕赤酵母菌表达系统最为人熟知，其具有使用简单、高水平分泌表达外源蛋白、便于纯化、利于大规模工业化生产等优点。毕赤酵母菌能够在以甲醇为唯一碳源的培养基上生长，甲醇能够诱导毕赤酵母菌表达研究人员需要的醇氧化酶（AOX1）。AOX1是强启动子，能够高水平诱导表达外源基因。目前所使用的宿主菌一般是通过突变改造野生型石油酵母菌Y11430得到的，主要有3种表达宿主菌，它们的区别在于AOX基因缺失一个或两个，比如GS115菌株含有AOX1基因和AOX2基因，能在含有甲醇的培养基上迅速生长，而KM71菌株只有AOX2基因，在含有甲醇的培养基上生长速度明显慢于GS115菌株，而MC100-3菌株中的AOX1基因和AOX2基因均被敲除，不能在甲醇培养基上生长。

毕赤酵母菌体内本身并无质粒，表达质粒需整合到宿主菌染色体上才能实现外源基因的表达。毕赤酵母菌的表达载体以整合型载体为主，此外还有自我复制型的游离载体，常见的整合型载体又分为胞内表达和分泌表达两类。表达载体一般都包括AOX启动子、多克隆位点（MCS）、终止序列、选择标志以及可以诱导基因发生重组的同源序列。表达载体被导入酵母细胞前先在大肠杆菌中复制扩增，因此，表达载体还含有筛选大肠杆菌转化子的标记基因和复制单元（ColE1）。若要让表达产物分泌到细胞外，表达载体还需携带相应的信号肽序列。至今已有几百种外源蛋白在该表达系统中得到高效表达，明胶的表达量甚至达到了14.8g/L。哺乳动物细胞表达的蛋白质多数是糖蛋白，糖基化的类型和位点将影响蛋白的生物活性和组织靶向性，而酵母菌的糖基化方式和位点与哺乳动物细胞不同，限制了酵母菌表达系统的应用，将毕赤酵母菌改造成类似于哺乳动物细胞糖基化成为毕赤酵母菌表达系统近年来研究的热点，目前主要用于表达非糖蛋白。

3. 昆虫细胞表达系统

利用杆状病毒在昆虫细胞中表达外源蛋白也是目前常用的表达方式，这一系统已表达了多种外源蛋白，表达产物具有糖基化、磷酸化等修饰，接近于天然蛋白。早期利用杆状病毒基因组DNA与转移质粒DNA共同转染昆虫细胞来获得表达载体，其重组率极低。重组的病毒必须通过显著差异的包涵体阴性噬菌斑表型来鉴定。后来随着细菌体外转座技术的成熟，出现了人们熟悉的Bac-to-Bac系统，该系统中包含了不同的抗性基因以及LacZ缺失标记，并且由核多角体启动子控制外源基因，便于重组病毒的筛选及鉴定。这一表达系统常用的细胞株有Sf9和Sf21，还有Invitrogen开发的High-5。其中Sf21细胞株来源于草地夜蛾蛹的卵巢细胞，Sf9则是Sf21的衍生物，而High-5细胞株由粉纹夜蛾的卵巢细胞培养得到。High-5细胞株增殖更快，表达量更高。通过改造Sf9和High-5细胞的N-糖基化，可生产出具有唾液酸化的N-聚糖糖蛋白。杆状病毒表达系统表达效率高，易于大规模生产外源蛋白，但是杆状病毒的侵染可能会导致细胞裂解或虫体死亡，而许多蛋白在胞内的加工都是在病毒侵染晚期进行的，所以这将使得一些蛋白得不到完整的修饰。另外，昆虫细胞与哺乳动物细胞的糖基化不完全相同，所表达出的部分蛋白与其天然结构仍然存在着差异，这些问题有待进一步的研究。

4. 哺乳动物细胞表达系统

哺乳动物细胞表达系统能够剪接加工前体mRNA使之成为成熟的mRNA，重组质粒转染效率高，具有遗传的稳定性和可重复性，是很好的外源基因表达系统。根据载体进入细胞的方式可将载体分为病毒载体和质粒载体。载体进入细胞的方法有很多种，主要有磷酸钙共沉淀法、电击法、脂质体法、基因枪法和病毒颗粒感染法等。近年来，研究人员发现一种高效安全的重组杆状病毒载体，它携带了哺乳动物细胞启动子控制的表达盒，能够在本身不复制的情况下表达外源基因。哺乳动物细胞表达系统常用的宿主细胞有CHO、COS、

HEK293、BH 和 N1H3T3 等，其中 CHO 细胞是近年来研究最多、应用相对成熟的细胞系，已经用于多种外源蛋白的表达。另外，犬肾细胞系 MDCK、非洲绿猴肾的 Vero 细胞系等常在生产流感疫苗时使用，但是这些细胞系的糖基化作用也不尽相同。根据不同的目的，外源蛋白可以在哺乳动物细胞中进行瞬时表达、稳定表达或者诱导表达。哺乳动物细胞表达系统在筛选过程中比较费时，而且易污染，已经有很多学者关注到哺乳动物细胞的筛选研究。由于使用血清培养基易造成纯化的困难，而且表达产物作为药物使用时使用血清培养基有潜在危险，因此无血清培养基成为研究的热点，目前已经有许多商品化的无血清培养基。

（三）重组药物的修饰与改造

同传统的化学合成药物相比，重组药物与人体内正常的生理物质十分接近，药理活性高；但是其稳定性差，生物半衰期短，需频繁用药，造成了诸多不便。为得到更好的药代动力学数据及疗效，人们有意识地探索着对天然蛋白结构进行修饰或改造的方法，各种修饰多从改变重组蛋白质的性状入手，如增加分子量、减缓蛋白酶降解、降低免疫原性和提高生物及化学稳定性等。修饰技术及方案层出不穷，目前较常用的主要分为重组 DNA 修饰技术和蛋白质体外化学修饰技术两大类。

1. 重组 DNA 修饰技术

重组 DNA 技术是在基因水平上进行修饰，又称“重组 DNA 修饰”。该技术可用于改变蛋白质的一级结构。作为蛋白质一级结构的氨基酸序列是蛋白质空间结构的基础，而空间结构又直接决定着其功能。氨基酸序列的微小变化可能会导致空间结构的巨变，进而导致功能发生改变。重组 DNA 修饰，主要通过构建突变体和构建融合蛋白的方式进行。这种修饰方式难度较大，风险较高。成功的例子有：长效红细胞生成素（EPO）、长效胰岛素、Enbrel 等。

（1）构建突变体。

Ceaglio 等利用糖基化策略进行定点突变。将一段 N－糖基化共有序列插入干扰素的不同位置，构成 4N－和 5N－干扰素变异体，与非糖化的 hIFN－2 相比，其半衰期增长了 25 倍，全身清除率下降到原来的 1/20。Sanofi Aventis 公司通过在人胰岛素 A 链第 21 个位点将天冬氨酸突变成甘氨酸，在 B 链 C 端第 30 个位点后加两个精氨酸，使胰岛素等电点由 4.0 变为 6.7。故在生理的 pH

值条件下更难溶解，吸收更为延缓，其恒定的药代动力学和药效至少能持续24小时，并且不受注射部位的影响。溶血栓药 Lanoteplase 是在 rt - tPA 分子的基础上去除了 F 区和 EGF 区，并修饰了 Kl 区上的糖基化位点，静脉注射时药物持续的时间约为 rt - tPA 的 10 倍，从而有利于缩短凝块溶解时间。

（2）构建融合蛋白。

融合蛋白是指利用基因工程手段将不同蛋白的不同功能区连接成一个蛋白。由于既要保留原有蛋白的活性，又要克服空间位阻的影响，故此类蛋白研发难度也较大，上市产品较少。常用作融合载体的是人血白蛋白（Human Serum Albumin，HSA）和抗体 Fc 段。研究者将 CD4 与 HSA 融合表达，HSA - CD4 融合蛋白在小鼠体内的半衰期较能够延长至 CD4 的 140 倍。利用抗体 Fc 段所特有的生物学功能与某些多肽或蛋白融合也可增加该蛋白的血浆半衰期。一般采用引入重链稳定区（Cγ2 或 Cγ4）来构建融合蛋白。例如 IL - 10 是一种抗炎症因子，制备重组 IL - 10 - IgG - Fc 融合蛋白也能明显延长 IL - 10 的半衰期。此外，还有另一种基因融合的方法也可提高药物的活性。美国 Amgen 公司将已知的 13 种 α 干扰素序列进行比较，把出现频率最高的氨基酸分配到各自相应的位置，并对个别位置做了修改，融合相关基因得到复合干扰素 IFN - Con - 1 的氨基酸序列，并在大肠杆菌中成功表达。体外实验表明，IFN - Con - 1 的抗病毒活性、抗增殖活性及诱导 NK 细胞的活性均比 IFN - et2a 和 IFN - et2b 高出 10 倍左右。

2. 蛋白质体外化学修饰技术

蛋白质体外化学修饰是指在蛋白质水平上使用合适的修饰剂对其分子表面的游离侧链基团进行修饰。

最常见的是蛋白质的聚乙二醇交联，即 PEG 化。PEG 类修饰剂与其他修饰剂相比，毒性小，无抗原性，具有良好的溶解性，且该聚合物具有得到 FDA 认证的生物相容性。经聚乙二醇共价修饰后能明显改善多肽和蛋白质类药物的药代学和药效学性质，如降低免疫原性，增加其对蛋白水解酶的稳定性，增加水溶性及延长体内的半衰期等。PEG 修饰的部位为亲核基团，如巯基、氨基、羰基等。第一代修饰剂是将 PEG 与蛋白质或多肽中赖氨酸的 α - 氨基或 β - 氨基接合起来。由于蛋白质中游离的氨基较多，常常引起随机修饰，或与其他亲核基团键合引发蛋白质分子交联，使蛋白质活性下降或失活，产品纯度不高。为解决 mPEG 的相对分子质量过低、键合不稳定、副产物过多和取代反应缺乏选择性等问题，出现了第二代修饰剂。第二代修饰剂能与氨基、巯基、羧基或N－末端发生反应，可进行定量、定点修饰，反应温和，能保持蛋白质和多肽的生物活性。此外，近年来还出现了可逆PEG修饰。Enzon通过一种可降解的连接方法用PEG修饰干扰素α2b，商品名为PEG－In－tron。其修饰方法是将PEG－琥珀酸碳酸酯在pH 5条件下与蛋白质的组胺酸残基中咪唑基团的N连接形成氨基甲酸酯键，通过酶催化水解反应来缓慢释放药物。才蕾等用相对分子质量为40kD，活化基团为羟基琥珀酰亚胺的PEG对尿酸酶进行修饰，结果发现PEG修饰后尿酸酶的酶解稳定性显著提高，PEG化尿酸酶保留了原有尿酸酶80%的活性，体内半衰期从45 min延长至696 min。PEG化尿酸酶与抗体的结合能力为原型蛋白的1/8，体内的免疫原性明显降低。

目前已成功运用PEG进行化学修饰的蛋白及多肽有近50种，美国FDA已经批准了多个PEG化的蛋白药物，如PEG－L－天冬酰胺酶、PEG化腺苷脱氨酶、PEG化干扰素－a（Pegasys和Peg－Intron）和PEG化G－CSF（Neulasta）等。除了上述已上市的PEG化蛋白药物外，处于临床前研究的蛋白药物还包括：PEG化超氧化物歧化酶（即将上市，Enzon公司）、PEG化IL－2（Ⅱ期临床，Chiron公司）、PEG化水蛭素（Ⅱ期临床，BASF AG公司）。

聚乙烯吡咯烷酮（PVP）作为蛋白多肽类药物修饰剂通常用于抗肿瘤药物中。PVP在体内组织分布较小，但在肿瘤组织中分布相对较高，可用于抗癌药物靶向给药以提高疗效和降低药物不良反应。研究者用PVP修饰肿瘤坏死因子α（TNF－α），比较了多种化学修饰剂如PEG、环糊精等修饰后的体内结果发现，粒径相同时，PVP修饰增加的TNF－a体内循环时间最明显，并且在其他组织内TNF－a药物浓度较低，肿瘤组织内药物浓度相对较高，因此该研究小组认为PVP是延长蛋白多肽类药物体内滞留时间和肿瘤靶向的最佳修饰剂。相信随着满足不同蛋白修饰需要的各种材料的研制成功，许多传统蛋白类药物制剂将逐渐被长效制剂所代替。

（四）给药途径的优化

多肽、蛋白质等生物大分子药物由于易被胃酸破坏、被酶降解和被肝肠循环的代谢分解，长期以来临床上大都采用注射给药的方式。常用剂型为溶液型注射剂和冻干粉针剂，给药途径单一，且需要频繁给药，给患者带来诸多不便和痛苦。近年来，国内外学者致力于研究非注射给药系统，并取得了一定的进展。

1. 口服给药系统

口服是首选和最广泛适用的给药途径。然而，蛋白多肽类药物由于不稳定，若不经过化学或制剂修饰，直接口服给药，其生物利用度往往只有0.1%或更低，临床使用价值不大。口服给药的研发重点在于提高其生物利用度。能与钙锌离子结合的酶抑制剂、闭锁小带毒素蛋白、化学物质载体、生物黏附以及啤酒酵母重组物等的应用是近年来出现的用于提高酶和多肽（包括蛋白质）类药物口服生物利用度的新方法。这些新方法主要从消除胃肠道酶的降解作用、克服胃肠道生物膜的机械屏障以及改变药物的理化性质等方面来增加酶和多肽类药物的口服吸收量。

可与体内钙锌离子结合的酶抑制剂（如卡波姆等）是一种新型酶抑制剂，与一般的酶抑制剂不同，其机制是通过与体内药物代谢酶的钙锌离子结合而发挥酶抑作用。因为钙锌离子是许多药物代谢酶结构中的必要离子，如胰蛋白酶和糜蛋白酶是钙离子依赖型蛋白水解酶，而羧肽酶A和氨肽酶则是锌离子依赖型蛋白水解酶，所以，这类新型酶抑制剂的优点就在于当它们与代谢酶的钙锌离子结合后，可以高效地抑制代谢酶的活性，同时还能影响到细胞间的紧密连接，从而有助于药物的吸收。

闭锁小带毒素（Zonula Occludens Toxin，ZOT）蛋白是由霍乱弧菌产生的。它破坏相邻细胞间的紧密连接，从而增加肠道细胞紧密连接的通透性，使酶和多肽类药物能更加容易地通过小肠生物膜屏障，达到提高口服吸收的目的。Fasano等通过体内实验发现：在兔的回肠和空肠，ZOT可使胰岛素的吸收增加10倍，与注射给药的动物相比，用ZOT处理并口服胰岛素的糖尿病动物显示了较高的存活率和血糖下降值，生物利用度在8%～16%以上。

最近还发现了一些化学物质载体，它们能改变蛋白质药物的理化性质，从而提高药物的膜渗透性，增加口服吸收量。其机制为高浓度的载体可以使蛋白质分子的构象发生有意义的变化，从折叠、自然的构象变成一种部分展开的构象或熔融球状（MG）构象，而这些变化后的构象对膜渗透性的提高产生了重要的作用，并且这种构象变化不会降低蛋白质的生物活性，从而使得蛋白质药物的口服吸收量增加。另外，其他可能机制为：由高载体浓度引起的渗透膜膨胀作用，以及蛋白质与载体分子在微胶粒状集合体内部或外部的联结，使药物表现出更高的膜渗透性。

生物黏附给药是一种新型的给药方式。通过这种给药方式可以产生双重作用——抑制代谢酶的活性和增加胃肠道生物膜机械屏障的通透性，从而能比其他方法更有效地提高药物的口服生物利用度。其机制是将生物黏附剂和酶抑制剂组成轭合物，一方面，生物黏附剂可以跟肠黏膜紧密接触，减少药物降解，提高黏膜表面的药物浓度，从而增加药物吸收，另一方面，酶抑制剂可以使药物免受透进生物黏附剂的酶的攻击。Guggi 等研究发现，将 Bowman - Birk 抑制剂与黏附剂壳聚糖相连接后，再将降钙素包裹起来，降钙素被胰蛋白酶、糜蛋白酶、弹性蛋白酶降解的程度由使用 Bowman - Birk 抑制剂前的（99.7 ±0.1)% 下降为使用后的（36.4 ±0.9)%。

啤酒酵母（Saccharomyces Cerevisiae）重组物是最近出现的多肽和蛋白质的给药系统。研究者对其促吸收机制进行研究后发现：第一，它可以保护药物免受消化道分泌物的影响；第二，由于基因的常规表达，它有可能穿过消化道而到达靶部位，还能控制药物的释放。以啤酒酵母重组物产生的多肽为模型药物，在模拟人胃小肠消化条件的系统中测定它的残留率，结果发现在吸收 270 min 后，该多肽残留率为（83.1 ±9.6)%，表明其确有控释作用。

目前蛋白多肽类药物已有个别品种实现了口服给药，如口服干扰素、胸腺素、脑蛋白水解物等。

2. 黏膜给药系统

如果某种蛋白多肽类药物胃肠吸收差，且肝脏首过效应强的话，可以考虑黏膜给药途径。具体可通过鼻腔、肺部、口腔、阴道和直肠等给药。近年来，研究发现许多药物通过鼻腔给药的途径给药生物利用度高于口服给药。Takenage 等将各种不同的树脂微球可用于胰岛素的鼻腔给药系统，将胰岛素和一定量的阴离子树脂聚碘苯乙烯混合，经兔鼻腔给药，45min 后用药者血糖浓度明显降低，非离子型树脂苯乙烯 - 二乙烯苯共聚物也有同样的吸收促进作用。目前认为鼻腔给药是蛋白多肽类药物非注射给药剂型中最有前途的给药途径之一。此外，肺部给药、口腔黏膜给药、阴道黏膜给药、直肠黏膜给药、眼部黏膜给药等的开发工作也取得了一定的进展。很多蛋白质药物，如亮丙瑞林、胰岛素、生长激素可以生理活性型从肺部吸收，生物利用度超过其不加促进剂鼻腔给药系统的生物利用度。Norwood 等指出，与皮下胰岛素注射相比，吸入性人胰岛素（Exubera）可提供血糖控制，并且对肺功能只有轻度、可逆的作用，可替代胰岛素注射给药。Pfizer 与 Inhale 公司合作开发使用干粉喷雾装置对 2 型糖尿病患者进行了胰岛素肺部给药药理重现性的试验，结果显示不同的 2 型糖尿病患者在接受吸入（INH）或皮下注射（SC）胰岛素后血清中葡萄糖和胰岛素的各项药动学指标并无统计学差异，两者均具有较好的重现性。说明胰岛素粉雾剂可以作为注射剂的替代品。

3. 透皮给药系统

透皮给药系统是指在皮肤表面无创伤给药，药物以恒定的速度通过皮肤进入体循环，产生全身或者局部治疗作用。透皮给药的最大障碍是皮肤角质层的阻碍。对药物成分进行处理、修饰或瞬间提高皮肤渗透性以及各种绕过或清除最外层皮肤的方法都可提高药物进入皮肤的效率。目前应用较多的为采用渗透促进剂或一些物理方法如电致孔技术、微针技术、超声波技术等。在一般应用中常常是多种手段同时应用。如电流电压、皮肤阻抗、离子强度等因素都可影响药物的离子电导入，而将离子导入技术与超声波导入技术以及化学促渗剂相结合则能较好地解决以上问题。Nair 和 Panchagnula 比较了月桂酸、油酸、亚油酸乙醇液类脂肪酸吸收促进剂和离子导入技术的促精氮酸抗利尿激素经皮吸收作用，结果发现，亚油酸乙醇液可破坏角质层，且与离子导入技术联合应用更有助于药物的透皮吸收。此外，由于柔性脂质体具有高度的自身形变作用，和普通脂质体不同，柔性脂质体受角质层水合作用产生渗透压的影响后可发生形变，从而促进药物渗透入皮肤，因而将离子导入技术与柔性脂质体相结合，可更有效地促进药物的透皮吸收。

4. 环境敏感给药系统

水凝胶为智能高分子材料的一种，它能对周围的环境刺激因素，如温度、pH 值、离子、电场、磁场、溶剂、反应物、光或应力等做出有效响应并且自身性质也随之发生变化。温度敏感的水凝胶在相变温度（LCST）以下分子呈伸展构象，溶液清澈透亮；而当温度升高时溶液分相，析出沉淀，再降温时，沉淀溶解，因此通过温度调节可实现对药物的控制释放。

Chenite 等报道了一种可逆的对温度敏感的智能胶凝系统，他们以壳聚糖和甘油磷酸二钠盐为载体，在体温 37℃时呈凝胶状，当环境温度升到相变温度以上时，水凝胶表面形成一个薄而致密的皮层，阻止凝胶内部的水和药物向外释放，此时水凝胶处于“关”的状态；当温度低于相变温度时，皮层溶胀消失，水凝胶处于“开”的状态，内部的药物以自由扩散的方式向外快速释放，此即药物控释的“开关”模式。胶凝化温度随着聚合物中壳聚糖脱乙酰化程度的降低而增加。但壳聚糖分子量对胶凝化温度没有明显的影响。这种凝胶包载蛋白保证了蛋白质的生物活性，药物在数周内达到缓慢释放。pH 敏感型水凝胶有较少引起组织发炎、表面张力低、载药条件温和等优点，因此非常适合作为各类药物，尤其是多肽和蛋白质类药物的载体材料。Murthy 等合成了一种缩醛交联水凝胶，以牛血清白蛋白（BSA）为模型进行体外释药实验，发现在 pH 7.4 的条件下交联物紧密团聚在一起，释药速率非常缓慢，释尽时间需要 24 小时；而在 pH 5.5 的酸性条件下，由于酸解，交联缩醛的孔径不断增大，包裹的 BSA 迅速释放，释尽时间仅需 5.5min。

5. 植入给药系统

植入给药系统（Implantable Drug Defiverly System，IDDS）是一种由药物与赋形剂或不加赋形剂经熔融压制或模制而成的供腔道或皮下植入用的无菌控制释药系统。植入给药系统原应用于长效避孕药物，现已在抗癌、心血管、糖尿病、眼部疾病、疫苗等多个领域得到广泛重视。蛋白多肽类药物的植入剂国外已有相关产品上市，如布舍瑞林和高舍瑞林的注射植入剂。

附录一 截至2014年6月美国FDA批准的生物技术药物

产品	商品名	公司	首次批准时间	适应症
大肠杆菌表达的产品（produced by E coli.）				
多肽（Polypeptides）：				
Teriparatide，甲状旁腺激素1－34	FORTEO	Eli Lilly	2002.11	骨质疏松
Nesiritide，利尿钠肽，hBNP	Natrecor	Scios	2001.8	充血性心力衰竭
激素（Hormones）：				
Human somatropin人生长激素	BioTropin	Biotech General	1995.5	矮小症
	GenoTropin	Pharmacia	1995.8	
	Humatrope	Eli Lilly	1996.8	
	Norditropin	Novo Nordisk	1995.5	
	Nutropin Depot	Genentech	1999.12	
	Nutropin AQ	Genentech	1993.11	
	Protropin	Genentech	1985.10	
	SOMAVERT（PEG化）	Nektar/ Pfizer	2003.3	肢端肥大症
Human insulin，胰岛素	Humulin	Eli Lilly	1982.10	糖尿病
Insulin lispro，胰岛素突变体	Humalog	Eli Lilly	1996.6	糖尿病
	Humalog Mix75/25	Eli Lilly	1996.6	糖尿病
Insulin glargine，胰岛素突变体	Lantus	Aventis	2000.4	糖尿病

(续表)

产品	商品名	公司	首次批准时间	适应症
酶（Enzymes）:				
Pegloticase，聚乙二醇重组尿酸酶	Krystexxa	Savient	2010.9	慢性痛风
Reteplase，t-PA突变体	Retavase	Centocor	1996.10	急性心梗
细胞因子（Cytokines）:				
rhG-CSF，粒细胞集落刺激因子	Neupogen Neulasta(PEG化)	Amgen Amgen	1991.2 2002.1	白细胞减少
rh IL-IRa，IL-1拮抗剂	Kineret	Amgen	2001.11	类风湿关节炎
Interleukin eleven，IL-11	Neumega	Wyeth	1997.11	血小板减少
Interleukin two，IL-2	Proleukin	Chiron	1992.5	肾瘤、黑色素瘤
Interferon alfacon-1	Infergen	InterMune/Amgen	1997.10	丙肝
Interferon α-2a，干扰素α-2a	Roferon-A Pegasys（PEG化）	Hoffmann-La RocheRoche/Nektar	1986.6 2002.10	乙肝、丙肝、白血病、Kaposi's肉瘤等
Interferon β-2b，干扰素β-2b	Intron A PEG-Intron(PEG化) Rebetron（联合利巴韦林）	Schering-Plough Enzon/Schering-Plough Schering-Plough	1986.6 2001.8 1998.6	乙肝、丙肝、非甲非乙型肝炎、白血病、Kaposi's肉瘤等
Interferon β-1b，干扰素β-1b	Extavia Betaseron	Novartis Berlex /Chiron	2009.8 1993.8	多发性硬皮病
Interferon γ-1b，干扰素γ-1b	Actimmune	InterMune	1990.12	慢性肉芽肿病、重度恶性骨骼石化症
疫苗（Vaccine）:				
OspA lipoprotein，OspA脂蛋白	LYMErix	GlaxoSmithKline	1998.12	预防莱姆病

（续表）

产品	商品名	公司	首次批准时间	适应症
其他：				
denileukin diftitox，白喉毒素 – IL 2 融合蛋白	Ontak	Ligand Pharmaceuticals	1999. 2	T 细胞淋巴瘤
	酵母表达的产品（Produced by Yeast）			
多肽（Polypeptides）：				
Glucagon，胰高血糖素	GlucaGen	Novo Nordisk	1998. 6	低血糖症
激素（Hormones）：				
Human insulin，胰岛素	Novolin Novolin L Novolin N Novolin R Novolin 70/30 Velosulin	Novo Nordisk Novo Nordisk Novo Nordisk Novo Nordisk Novo Nordisk Novo Nordisk	1982. 10 1991. 6 1991. 7 1991. 6 1991. 6 1999. 7	糖尿病
Insulin aspart，胰岛素突变体	NovoLog	Novo Nordisk	2000. 5	糖尿病
酶（Enzymes）：				
Rasburicase，尿酸降解酶	Elitek	Sanofi – Synthelabo	2002. 7	血浆尿酸症
细胞因子（Cytokines）：				
rhGM – SCF	Leukine（sargarmostim）	Berlex Laboratories	1991. 3	自体骨髓移植、急性髓性白血病化疗引起的白细胞中毒
rhPDGF – BB，血小板衍生生长因子	Regranex Gel（gel becaplermin）	Chiron	1997. 12	糖尿病足溃疡
疫苗（Vaccine）：				
Hepatitis B vaccine，乙肝疫苗	Engerix – B Recombivax – HB	GlaxoSmithKline Merck	1989. 9 1986. 7	预防乙肝
其他：				

（续表）

产品	商品名	公司	首次批准时间	适应症
Lepirudin，水蛭素	Refludan	Berlex Laboratories	1998. 3	抗凝
哺乳动物细胞表达的产品（括号中为宿主细胞）				
激素（Hormones）：				
Human somatropin，人生长激素	Saizen（Mouse C127）	Serono S. A.	1996. 10	矮小症
	Zorbtive（Mouse C127）	Serono S. A.	1996. 8	
Follitropin beta，促滤泡素 - β	Follistim（CHO）	Akzo Nobel	1997. 9	不孕症
Follitropin alfa，促滤泡素 - α	Gonal - F（CHO）	Serono S. A.	1998. 9	不孕症
Human chorionic gonadotropin，人绒毛膜促性腺激素	Ovidrel	Serono S. A.	2000. 9	不孕症
Thyrotropin alfa，促甲状腺素	Thyrogen（CHO）	Genzyme	1998. 12	血清甲状腺球蛋白测试
酶（Enzymes）：				
Alteplase，tPA	Activase（CHO）	Genentech	1987. 11	急性心梗、肺栓塞、急性脑中风
Urokinase，尿激酶	Abbokinase（胎肾细胞培养）	Abbott	2002. 10	肺栓塞
Laronidase，黏多糖 - α - L - 艾杜糖醛酸水解酶	Aldurazyme（CHO）	Genzyme	2003. 4	黏多糖贮积病
Imiglucerase，葡萄糖脑苷脂酶	Cerezyme（CHO）	Genzyme	1994. 5	Gaucher's 病
Algasidase beta，半乳糖苷酶 - β	Fabrazyme（CHO）	Genzyme	2003. 4	Fabry's 病

（续表）

产品	商品名	公司	首次批准时间	适应症
Alglucosidase alfa，重组阿葡萄糖苷酶α	Lumizyme（CHO）	Genzyme	2010. 5	庞贝氏症
Dornase alfa，DNA 酶	Pulmozyme（CHO）	Genentech	1993. 12	囊性纤维化
Tenecteplase，t－PA 突变体	TNKase（CHO）	Genentech	2000. 6	急性心梗
Velaglucerase alfa，重组葡萄糖苷脂酶	VPRIV	Shire	2010. 2	1 型高歇氏病
凝血因子（Blood clotting factors）：				
Coagulation factor VIIa	NovoSeven（BHK）	Novo Nordisk	1999. 3	血友病 A 或血友病 B
Coagulation factor IX	BeneFix（CHO）	Wyeth	1997. 2	血友病 B
Antihemophilic factor VIII	Bioclate	Aventis Behring	1993. 12	血友病 A
Antihemophilic factor VIII	Helixate（BHK） Kogenate FS（BHK）	Aventis Behring Bayer	1994. 2 1989. 9	血友病 A
Antihemophilic factor VIII	Recombinate rAHF（CHO）	Baxter Healthcare	1992. 2	血友病 A
Factor VIII（无 B 链）	ReFacto（CHO）	Wyeth	2000. 3	血友病 A
细胞因子（Cytokines）：				
Interferon α－N3，干扰素 α－N3	Alferon（人白细胞培养诱导）	Interferon Sciences	1989. 10	生殖器疱疹
Interferon α－N1，干扰素 α－N1	Wellferon（人体淋巴细胞培养与诱导）	GlaxoSmithKline	1999. 3	丙肝
Interferon β－1a，干扰素 β－1a	Avonex（CHO） Rebif（CHO）	Biogen/ Idec Serono S. A. / Pfizer	1996. 5 2002. 3	多发性硬皮病
Darbepoetin alfa，EPO 突变体	Aranesp（CHO）	Amgen	2001. 9	肾性贫血

(续表)

产品	商品名	公司	首次批准时间	适应症
epoietin alfa, EPO 促红细胞生成素	Epogen (CHO) Procrit	Amgen Ortho Biotech	1989. 6 1990. 12	肾性贫血
Mecasermin IGF - 1	Increlex (人源化)	Tercica	2005. 8	IGF - 1 严重缺乏型儿童的生长障碍
Rh Bone morphogenetic protein - 2, rhBMP - 2	NFUSE Bone Graft/ LT - CAGE(CHO)	Wyeth and Medtronic Sofamor Danek	2002. 7	脊骨退行性病变的脊骨融合
Rh Osteogenic protein 1, BMP - 7	Osigraft (CHO)	Stryker	2001. 8	胫骨骨折
治疗性抗体 (Therapeutical monoclonal antibodies):				
Tocilizumab	Actemra (人源化)	Genentech	2010. 1	类风湿性关节炎
Ofatumumab (anti - CD20)	Arzerra (人源化, 杂交瘤)	GlaxoSmithKline and Genmab	2009. 10	慢性淋巴细胞白血病
Bevacizumab (anti - EGFR)	Avastin (人源化, CHO)	Genentech	2004. 2	转移性结肠癌或直肠癌
I - 131 Tositumomab (anti - CD20)	Bexxar (鼠源, 杂交瘤)	Corixa Corp. and GlaxoSmithKline	2003. 6	non - Hodgkin's 淋巴瘤
Alemtuzumab (anti - CD52)	Campath (人源化, CHO)	Ilex Oncology/ Millennium Pharmaceuticals/ Berlex Laboratories	2001. 5	B - 细胞慢性淋巴细胞白血病
Cetuximab (anti - EGFR)	Erbitux (嵌合, 鼠骨髓瘤)	ImClone/ BMS	2004. 2	转移性结肠癌或直肠癌
Trastuzumab (anti - HER - 2)	Herceptin (人源化, CHO)	Genentech	1998. 9	转移性乳腺癌
Adalimumab (anti - TNFα)	Humira (人源化)	CAT/ Abbott	2002. 12	重度类风湿关节炎
Muromomab - CD3 (anti - CD3)	Orthoclone OKT3 (鼠源, 杂交瘤)	Ortho Biotech	1986. 6	肾移植急性排斥

（续表）

产品	商品名	公司	首次批准时间	适应症
Canakinumab (anti – IL1β)	Ilaris（鼠骨髓瘤）	Novartis Phamaceuticals	2009. 6	冷吡啉相关的周期性综合征
Gemtuzumab ozogamicin (Anti – CD33)	Mylotarg（人源化，NSO）	Celltech / Wyeth	2000. 5	CD33 + 急性髓性白血病
Denosumab	Prolia（人源化，CHO）	Amgen	2010. 6	骨质疏松症
Efalizumab（anti – CD11a）	Raptiva（人源化，CHO）	Xoma/ Genentech	2003. 10	慢性中重度银屑病
Infliximab（anti – TNFα）	Remicade（嵌合，NSO）	Centocor	1998. 8	Crohn's 病、类风湿关节炎
Abciximab（Anti – GPIIb/IIIa）	ReoPro（嵌合，NSO）	Centocor	1994. 12	抗凝
Rituximab（Anti – CD20）	Rituxan（嵌合，CHO）	IDEC/ Genentech	1997. 11	CD20 + B 细胞 non – Hodgkin's 淋巴瘤
Unstek – inumab（Anti – IL12/23）	Stelara（CHO）	Centotor Ortho Bitech	2009. 9	成年人斑块状银屑病
Golinumab（Anti – TNFa）	Sinponi（小鼠细胞）	Centotor Ortho Bitech	2009. 4	类风湿性关节炎、银屑病关节炎、强直性脊柱炎
Eculizumab	Soliria（人源化，鼠骨髓瘤）	Alexion	2007. 3	阵发性睡眠性血红蛋白尿症
Basiliximab（Anti – CD25）	Simulect（嵌合，鼠骨髓瘤）	Novartis	1998. 5	肾移植急性排斥
Palivizumab (Anti – F protein of RSV)	Synagis（人源化，NS0）	MedImmune	1998. 6	防治小儿下呼吸道合胞病毒感染
Panitumumab	Vectibix（人源化）	Amgen	2006. 9	EGFR 表达转移性结肠直肠癌

（续表）

产品	商品名	公司	首次批准时间	适应症
Denosumab	Xgeva（人源化，CHO）	Amgen	2010. 11	实体瘤骨转移患者中骨骼相关事件的预防
Omalizumab（Anti－IgE）	Xolair（人源化，CHO）	Genentech/ Tanox/ Novartis	2003. 6	中重度持续性哮喘
Daclizumab（Anti－CD25）	Zenapax（人源化，CHO）	Hoffmann－La Roche	1997. 12	肾移植急性排斥
Obinutuzumab	GAZYVA	Roche/Genentech	2013. 11	慢性淋巴细胞白血病（CLL）
Tocilizumab	ACTEMRA	Roche	2010. 1	风湿性关节炎
IncobotulinumtoxinA	Xeomin	Merz	2010. 8	颈部肌张力障碍
Collagenase clostridium histolyticum	Xiaflex	Auxilium	2010. 2	
Umeclidinium	IncruseEllipta	GlaxoSmithKline	2014. 4	慢性阻塞性肺病
Siltuximab	Sylvant	Janssen	2014. 4	HIV阴性和人类疱疹病毒－8（HHV－8）阴性的多中心型巨大淋巴结增生症
Ofatumumab	Arzerra	GlaxoSmithKline/ GenmabNovartis	2014. 4	慢性淋巴细胞白血病（CLL）
Omalizumab	Xolair	Genentech/Biogen Idec	2014. 4	慢性特发性荨麻疹（CIU）
Rituxan	Rituximab	Takeda	2011. 1	滤泡淋巴瘤
Vedolizumab	Entyvio	Takeda	2014. 5	肠炎和克罗恩病

（续表）

产品	商品名	公司	首次批准时间	适应症
Ustekinumab	Stelara	Amgen	2013. 9	活动性银屑病关节炎
Denosumab	Xgeva	Genentech	2013. 6	骨巨细胞瘤
Ado – trastuzumab emtansine	Kadcyla	Janssen	2013. 2	晚期乳腺癌
Golimumab	Simponi Aria	Centocor Ortho Biotech	2013. 7	中度至重度成人活动型风湿性关节炎(RA)
Pertuzumab	Perjeta	Genentech	2012. 6	乳腺癌
Belimumab	Benlysta	Human Genome Sciences IncBristol Myers Squibb	2011. 3	系统性红斑狼疮
Ipilimumab	Yervy	HGS&HHS&BARDA	2011. 3	不可切除的转移性黑色素瘤
Raxibacumab	ABthrax	Genentech	2012. 12	吸入性炭疽病
Ranibizumab	Lucentis	Abbott	2012. 8	糖尿病性黄斑水肿所致视力损害
Adalimumab	Humira	Amgen	2012. 9	中、重度溃疡性结肠炎
Dnosumab	Prolia	ALEXION PHARM	2012. 9	男性骨折高危风险骨质疏松症
Eculizumab	Soliris	Roche	2011. 9	非典型溶血尿毒综合征
Vemurafenib tablet	Zelboraf	Sanofi Aventis	2011. 8	晚期转移性或不能切除的黑色素瘤
Ziv – Aflibercept 融合蛋白	Zaltrap	BTG	2012. 5	结肠直肠癌

（续表）

产品	商品名	公司	首次批准时间	适应症
Glucarpidase，酶	Voraxaze	Discovery Laboratories/Inc	2012.1	甲氨蝶呤中
Lucinactant，多肽主要成分	Surfaxin	Affymax/Takeda	2012.3	呼吸窘迫症
Peginesatide，多肽	Omontys	Pfizer	2012.3	慢性肾脏病
Taliglucerase alfa，酶	Elelyso	Teva	2012.5	戈谢病
TBO－filgrastim，多肽	Tevagrastim	Ironwood	2012.8	非骨髓恶性肿瘤
Linaclotide，多肽	Linzess	Thrombogenics Novartis	2012.8	慢性特发性便秘和肠易激综合征
Ocriplasmin，蛋白酶	Jetrea	Jetrea	2012.10	症状性玻璃体黄斑粘连
Pasireotide，多肽	Signifor		2012.12	库欣病
Teduglutide，多肽	Gattex		2012.12	成人短肠综合征
体内诊断用鼠源单抗成像剂，Imaging agents of murine monoclonal antibodies				
Indium－111 Imciromab pentetate，Anti－human cardiac myosin	MyoScint not on market	Centocor	1996.5	心肌梗死成像
Technetium － 99 Nofetumomab，Anti－carcinoma－associated antigen	Verluma not on market	Boehringer Ingelheim/NeoRx	1996.8	小细胞肺癌成像
Murine Monoclond IgG，单克隆抗体IgG	AntiM AntiN AntiLub	Allba Bioscience Allba Bioscience Allba Bioscience	2009.10 2009.10 2009.10	MN血型的体外检测与鉴定 Lub血型的体外检测与鉴定
Human/Murine Monoclond IgM	AntiC AntiE AntiD alpha AntiD beta	Allba Bioscience Allba Bioscience Allba Bioscience Allba Bioscience	2009.10 2009.10 2009.10 2009.10	Rh血型的体外检测与鉴定

(续表)

产品	商品名	公司	首次批准时间	适应症
Human/Murine Monoclond IgM/ IgG	AntiD delta AntiD blend	Allba Bioscience Allba Bioscience	2009. 10 2009. 10	 Rh 血型的体外检测与鉴定:
Murine Monoclond IgM	AntiA, B AntiA AntiB AntiLeb	 Allba Bioscience Allba Bioscience Allba Bioscience	 2009. 10 2009. 10 2009. 10	A、B、O 血型的体外检测与鉴定
Technetium - 99 acritumomab, Anti - CEA	AntiLea CEA - Scan	Allba Bioscience Allba Bioscience Mmunomedics	2009. 10 2009. 10 1996. 6	Lewis 血型的体外检测与鉴定 转移性直肠结肠癌成像
Indium - 111 Capromab pendetide, Anti - PSMA, a tumor surface antigen	ProstaScint	Cytogen	1996. 10	前列腺癌成像
Indium - 111 satumomab pendetide, Anti - TAG - 72, a tumor - associated glycoprotein	OncoScint CR/OV not on market	Cytogen	1992. 12	结肠直肠、卵巢癌成像
Cell/tissue therapy (Tissue engineering products):				
Living human skin substitute, 组织工程皮肤	Apligraf	Organogenesis/ Novartis	1998. 5	胫静脉溃疡、糖尿病足部溃疡
Autologous cultured chondrocytes, 组织工程软骨	Carticel	Genzyme	1997. 8	重建受损膝盖关节软骨
Human dermal substitute, 组织工程皮肤	Dermagraft	Advanced Tissue SciencesInc/ Smith & Nephew-plc	2001. 9	糖尿病足部溃疡
Composite cultured skin, 组织工程皮肤	OrCel	Ortec International	2001. 2	烧伤
Others:				

（续表）

产品	商品名	公司	首次批准时间	适应症
Alefacept，LFA3 - Fc 融合蛋白	Amevive（CHO）	Biogen/Idec	2003.1	中、重度银屑病
Etanercept，TNFR - Fc 融合蛋白	ENBREL（CHO）	Amgen/Wyeth	1998.11	中、重度类风湿性关节炎、银屑病
Drotrecogin alfa，活化蛋白 C	Xigris（CHO）	Eli Lilly	2001.11	脓毒症

附录二 截至2014年10月欧盟批准的基因重组生物技术药物

药物	适应症	公司	首次批准时间	表达系统
基因重组治疗性蛋白：				
Insulin，胰岛素	糖尿病	Lilly Industries Novo Nordisk Hoechst	1987.12	E. coli Yeast
Interleukin－2，白介素－2（IL－2）	肾瘤、黑色素瘤	Chiron	1989.12	E. coli
Somatotropin，人生长激素	矮小症	Lilly Pharmacia Serono Pharma Novo Nordisk	1991.2	E. coli C127 细胞
Glucagon，胰高血糖素	低血糖症	Novo Nordisk	1992.3	Yeast
Erythropoietin β，促红细胞生成素－β（EPO－β）	肾性贫血	Boehringer Mannheim	1992.5	CHO
Interferon γ－1b，干扰素γ－1b	慢性肉芽肿病	Boehringer Ingelheim	1992.6	E. coli
Interferon α－2b，干扰素α－2b	白血病、肿瘤、疱疹	Essex Pharma	1993.3	E. coli
Erythropoietin α，促红细胞生成素－α（EPO－α）	肾性贫血	Janssen－Cilag	1993.4	CHO
GM－CSF（Molgramostim）	白细胞减少	Essex Pharma	1993.4	Yeast

（续表）

药物	适应症	公司	首次批准时间	表达系统
Interferon α－2a，干扰素α－2a	白血病、肿瘤、疱疹	Hoffmann－La Roche Kohl pharma	1993.4	E. coli
Factor VIII，凝血因子VIII	血友病A	Bayer Baxter Deutschl Armour Pharma	1993.7	BHK CHO
G－CSF（glycosylated），糖基化G－CSF *	白细胞减少	Rhône－Poulenc Rorer GmbH Chugai	1993.10	CHO
Tissue plasminogen activator，组织型纤溶酶原激活剂（t－PA）	急性心肌梗死	Dr. Karl Thomae	1994.4	CHO
Glucocerebrosidase，葡糖脑苷脂酶	Gaucher's 病	Genzyme B. V.	1994.6	CHO
G－CSF，粒细胞集落刺激因子	白细胞减少	Hoffmann－La Roche Kohl pharma	1994.8	E. coli
Human DNAse，DNA酶	囊性纤维化	Hoffmann－La Roche	1994.9	CHO
Follitropin alpha，促滤泡素	不孕症	Serono	1995.10	CHO
Interferon β－1b，干扰素β－1b	多发性硬皮症	Schering AG	1995.11	E. coli
Factor VII，凝血因子VII	血友病A和血友病B	Novo Nordisk	1996.2	BHK
Insulin，Lispro，胰岛素突变体（速效）	糖尿病	Lilly	1996.5	E. coli
Follitropin－β，促滤泡素－β	不孕症	Organon	1996.10	CHO

(续表)

药物	适应症	公司	首次批准时间	表达系统
Reteplase, t - PA 突变体 (r - PA)	急性心肌梗死	Boehringer Mannheim	1996. 11	E. coli
Factor IX, 凝血因子 IX	血友病 B	Genetics Institute	1997. 8	BHK
Interferon beta - 1a, 干扰素 β - 1a	多发性硬皮病	Biogen France S. A. Ares - Serono	1997. 3	CHO
Hirudine, 水蛭素	抗凝	Behringwerke	1997. 3	Yeast
Desirudine, 水蛭素突变体 *	抗凝	Ciba Europharm	1997. 3	Yeast
Calcitonin, 降血钙素 *	骨质疏松、Paget's 病、高钙血症	Unigene UK	1999. 1	
Interferon alfacon - 1, 超级 α 干扰素	丙肝	Yamanouchi	1999. 2	E. coli
rhPDGF, 血小板衍生生长因子	糖尿病溃疡	Janssen - Cilag	1999. 3	Yeast
TNFα - 1a, 肿瘤坏死因子 α - 1a *	肿瘤手术后的辅助治疗	Boehringer Ingelheim	1999. 4	E. coli
Moroctocogα, 凝血因子 VIII (无 B 链)	血友病	Genetics Institute	1999. 4	CHO
Thyrotropin alfa (TSH), 促甲状腺素	甲状腺扫描检查	Genzyme	1999. 7	CHO
Insulin aspart, 胰岛素突变体 (速效)	糖尿病	Novo Nordisk	1999. 9	Yeast
Peginterferon α - 2b, PEG 化干扰素 α - 2b	丙肝	Schering - Plough	2000. 5	E. coli
Insulin glargin, 胰岛素突变体 (长效)	糖尿病	HMR Deutschland / Aventis S. A.	2000. 6	E. coli

（续表）

药物	适应症	公司	首次批准时间	表达系统
Etanercept，TNFαR - Fc融合蛋白	类风湿关节炎	Wyeth - Lederle	2000. 2	CHO
Rasburicase，尿酸水解酶	肿瘤诱发的高尿酸症	Sanofi S. A.	2001. 2	Yeast
Tenecteplase，t - PA 突变体（TNK - tPA）	急性心肌梗死	Boehringer Ingelheim	2001. 2	CHO
Choriogonadotropinα，绒膜促性腺激素（hCG）	不孕症	Ares Serono	2001. 2	CHO
Lutropinα，促滤泡素突变体 *	不孕症	Ares Serono	2001. 2	CHO
Darbepoetinα，EPO 突变体	肾性贫血	Amgen Europe	2001. 6	CHO
Agalsidase - α，半乳糖苷酶 - α *（α - galactosidase）	Fabry's 病	TKT Europe	2001. 8	CHO
Agalsidase - β，半乳糖苷酶 - β（β - galactosidase）	Fabry's 病	Genzyme	2001. 8	CHO
Anakinra（IL - 1Ra），IL - 1 受体拮抗剂	类风湿性关节炎	Amgen GmbH	2002. 3	E. coli
Dynepo，EPO - δ*	肾性贫血	Aventis S. A.	2002. 2	CHO
Pegfilgrastim，PEG 化G - CSF	白细胞减少	Amgen Europe	2002. 8	E. coli
Drotrecoginα，活化蛋白C	严重脓毒症	Eli Lilly	2002. 8	CHO
Dibotermina，骨形成蛋白（BMP）	胫骨骨折	Genetics Institute	2002. 9	CHO
Aldurazyme，粘多糖 - α - L - 艾杜糖醛酸水解酶	粘多糖贮积病	Genzyme	2003. 6	CHO
Lumizyme，阿葡糖苷酶 α	庞贝氏症	Genzyme	2010. 5	CHO

（续表）

药物	适应症	公司	首次批准时间	表达系统
Voraxaze，羧肽酶	肾功能受损	BGT	2012.1	
VPRIV，重组葡萄糖苷脂酶	1 型高歇氏病	Shire	2010.8	
Abseamed	抗贫血	Arzneimittel Pütter GmbH & Co. KG Sandoz	2007.8	
Binocrit	贫血症状与慢性肾功能衰竭	GmbHAbZ - Pharma	2007.8	
Biograstim，重组人粒细胞集落刺激因子	中性粒细胞减少症	GmbHHexal AG	2008.9	
Epoetin Alfa Hexal Filgrastim Hexal	治疗贫血症状与慢性肾功能衰竭	Hexal AG Apotex	2007.8 2009.2	
Grastofil	成人嗜中性白细胞减少症	Europe BV Hospira UK	2013.10	
Inflectra	炎症	Limited Hospira UK	2013.9	
Nivestim	白细胞减少症	Ltd. Sandoz	2010.6	
Omnitrope	同人体生长激素	GmbH Teva Pharma	2006.4	
Ovaleap	促滤泡素	B. V. Ratiopharm GmbH	2013.9	
Ratiograstim	中性粒细胞减少	Celltrion Healthcare	2008.9	
Remsima	儿科克隆恩氏病	Hungary Kft. Hospira UK Limited Stada	2013.9	

（续表）

药物	适应症	公司	首次批准时间	表达系统
Retacrit	促红细胞生成	Arzneimittel	2007. 12	
Silapo	贫血、骨髓功能抑制	AG	2007. 12	
Tevagrastim	中性粒细胞减少	Sandoz	2008. 9	
Zarzio	中性粒细胞减少	GmbH Eli Lilly	2009. 2	
Abasria	糖尿病	Regional Operations GmbH.	2014. 9	
Bemfola	肺动脉高压	AG	2014. 3	
	重组治疗性抗体：			
Abciximab（ReoPro ®）	抗血小板凝聚	Centocor	1995. 5	NSO
Votumumab（Humaspect ®）*	结肠癌体内检测	Organon Teknika	1996. 11	动物细胞
Rituximab（Mabthera ®）	non – Hodgkin's 淋巴瘤	Roche	1998	CHO
Basiliximab（Simulect ®）	肾移植急性排斥	Novartis	1998. 10	鼠骨髓瘤
Daclizumab（Zenapax ®）	肾移植急性排斥	Roche	1999. 2	CHO
Palivizumab（Synagis ®）	呼吸道合胞病毒感染	Abbott	1999. 5	NSO
Infliximab（Remicade ®）	Crohn 病、类风湿性关节炎	Centocor	1999. 8	NSO
Trastuzumab（Herceptin ®）	转移性乳腺癌	Roche	2000. 9	CHO
Alemtuzumab（Campath ®）	慢性淋巴细胞白血病	Millenium/Ilex	2001. 3	CHO
Adalimumab（Humira ®）	重度类风湿性关节炎	Abbott	2003. 3	动物细胞

（续表）

药物	适应症	公司	首次批准时间	表达系统
Cetuximab（Erbitux®）	转移性结肠癌或直肠癌	ImClone/Merck	2004. 2	鼠骨髓瘤
RoActemra（Tocilizumab）	类风湿性关节炎	Genentech	2009. 1	
Cimzia（Certolizumab pegol）	类风湿性关节炎	UCB	2009. 10	CHO
Prolia（Denosumab）	骨质疏松症	Amgen	2009. 12	
		基因重组疫苗：		
Hepatitis - B antigen，乙肝小 S 疫苗	预防乙肝感染	SmithKline	1989. 9	Yeast
Triacelluvax®，three recombinant B. pertussis toxins *	预防破伤风、白喉、百日咳	Chiron S. p. A.	1999. 1	
乙肝大 S 抗原（pre - S1，pre - S2，S）*	预防乙肝感染	Medeva Pharma	2000. 3	CHO
Glycosylated recombinant diphteria toxin CRM197 *，糖基化重组白喉毒素	预防肺炎球菌感染	Wyeth - Lederle	2001. 2	
Lyme disease vaccine，莱姆病疫苗	预防莱姆病	Wyeth - Lederle	2001. 2	E. coli
Prevnar 13（肺炎球菌 13 价结合疫苗）	预防肺炎球菌感染	Wyeth	2009. 12	
Menveo（脑膜炎球菌结合疫苗）	预防脑膜炎球菌病	Novartis	2010. 3	

注：带 * 者为获得 EMEA 批准而还未获得 FDA 批准的生物技术药物。

附录三　截至2014年10月我国CFDA批准上市的生物制品药物

名称	适应症	生产企业
疖病疫苗	疖病	武汉生研、江苏延申
组织胺人免疫球蛋白	支气管哮喘等过敏性疾病	上海生研所、深圳卫武光明、武汉生研、远大蜀阳、成都蓉生
注射用重组人组织型纤溶酶原激酶衍生物	急性心肌梗死	山东阿华
注射用重组人生长激素	儿童生长缓慢、重度烧伤	联合赛尔、中山海济、长春金赛、安徽安科、深圳科兴
注射用重组人尿激酶原	心肌梗死	上海天士力
注射用重组人粒细胞巨噬细胞刺激因子	白细胞减少症、骨髓造血机能障碍	辽宁卫星、海南通用同盟、厦门特宝、长春生研所、哈药集团、北医联合、中医院生研所、瀚宁生物、金坦生物、江中高邦、长春金赛、白云山拜迪
注射用重组人干扰素γ	类风湿性关节炎	上海迪茂、上海生研所
注射用重组人干扰素α2b（酵母）	乙肝、丙肝	山海腾瑞、上海万兴
注射用重组人干扰素α2b（假单胞菌）	乙肝、丙肝	哈药集团、天津华立达
注射用重组人干扰素α2b	乙肝、丙肝	长春生研所、北京远策、通用同盟、海王英特龙、苏州新宝、浙江北生、凯因特、哈高科白天鹅、安徽安科
注射用重组人干扰素α2a（酵母）	乙肝	上海万兴、上海腾瑞

（续表）

名称	适应症	生产企业
注射用重组人干扰素α2a	乙肝	长春生研所、长生基因、沈阳三生、辽宁卫星、海南欣明达
注射用重组人干扰素α1b	乙肝、丙肝、毛细胞白血病	上海生研所、深圳科兴、北京三元基因
注射用重组人促红素（CHO 细胞）	肾功能不全所致的贫血	上海凯茂、成都地奥九泓
注射用重组人白细胞介素 -2（125Ser）	抗肿瘤	海王英特龙
注射用重组人白细胞介素 -2	抗肿瘤	长春生研所
注射用重组人白细胞介素 -11	实体瘤	上海中信国健、杭州九源
注射用重组人白介素 -2（Ⅰ）	抗肿瘤	辽宁卫星、山东泉港
注射用重组人白介素 -2（125Ser）	抗肿瘤	广东卫伦
注射用重组人白介素 -2（125Ala）	抗肿瘤	北京双鹭
注射用重组人白介素 -2	抗肿瘤	上海华新、江苏金丝利、沈阳三生、长春长生基因、长春生研所、深圳科兴、北京远策、北京四环、威海安捷
注射用重组人白介素 -11（Ⅰ）	实体瘤	山东阿华
注射用重组人白介素 -11	实体瘤	成都地奥九泓、厦门特宝、北京双鹭、齐鲁制药
注射用重组人Ⅱ型肿瘤坏死因子受体—抗体融合蛋白	活动性类风湿关节炎、斑块状银屑病	上海中信国健、上海赛金
注射用重组葡激酶	心肌梗塞溶栓	成都地奥九泓、通化玉金、上海凯茂、青岛国大

(续表)

名称	适应症	生产企业
注射用重组改构人肿瘤坏死因子	晚期非小细胞肺癌	上海唯科
注射用胸腺素	T细胞缺陷病	河南欣泰
注射用鼠神经生长因子	正己烷中毒性周围神经病	北京舒泰神、珠海丽珠、武汉海特、厦门北大之路
注射用瑞替普酶	急性心肌梗塞	爱德药业
注射用母牛分枝杆菌	结核病	安徽智飞龙科马
注射用磷酸盐缓冲盐水	血液保存、蛋白质药物稳定剂	武汉生研所
注射用抗乙型肝炎转移因子	慢性乙肝	武汉海特
注射用抗人T细胞CD3鼠单抗	急性排斥反应	武汉生研所
注射用红色诺卡氏菌细胞壁骨架	肿瘤引起的胸水、腹水控制	福建山河
注射用A型肉毒毒素	眼睑痉挛,面肌痉挛	兰州生研所
注射用A群链球菌	恶性胸腔积液	山东鲁亚、武汉生研所
猪源纤维蛋白黏合剂	止血、封闭创面、促愈合	杭州普济、广州倍绣
猪免疫球蛋白口服液	小儿秋季腹泻	三九集团昆明白马
重组乙型肝炎疫苗(酿酒酵母)	预防乙型肝炎	深圳康泰、北京天坛
重组乙型肝炎疫苗(汉逊酵母)	预防乙型肝炎	华兰生物、大连汉信
重组乙型肝炎疫苗(CHO细胞)	预防乙型肝炎	北京华尔盾、成都生研所、华北制药金坦、兰州生研所、武汉生研所、长春生研所
重组戊型肝炎疫苗(大肠埃希菌)	预防戊型肝炎	厦门万泰沧海
重组人胰岛素注射液	糖尿病	珠海联邦、江苏万邦、深圳科兴、通化东宝

（续表）

名称	适应症	生产企业
重组人胰岛素	糖尿病	珠海联邦、通化东宝、深圳科兴、江苏万邦
重组人血小板生成素注射液	肿瘤化疗后血小板减少	沈阳三生
重组人血管内皮抑制素注射液	非小细胞肺癌	山东先声麦德津
重组人生长激素注射液	儿童生长缓慢、用于重度烧伤	长春金赛
重组人粒细胞刺激因子注射液	促中性粒细胞计数增加	上海三维、协和发酵麒麟、北京四环、深圳新鹏、齐鲁制药、山东泉港、北京双鹭、哈药集团、石药集团山东百克、长春金赛、江苏吴中、华北制药金坦、成都生研所、山东科兴、厦门特宝、深圳新鹏、杭州九源基因
重组人干扰素 α2a 栓	宫颈炎、宫颈糜烂、阴道炎	武汉维奥
重组人干扰素 α2b 注射液（假单胞菌）	病毒性疾病、肿瘤	天津华立达
重组人干扰素 α2b 注射液	病毒性疾病、肿瘤	山海华新、长春海伯尔、北京凯因、安徽安科
重组人干扰素 α2b 阴道泡腾片	宫颈糜烂、阴道炎	北京凯因
重组人干扰素 α2b 阴道泡腾胶囊	病毒感染引起的宫颈糜烂	上海华新
重组人干扰素 α2b 栓	病毒感染引起的宫颈糜烂	安徽安科、长春生研所
重组人干扰素 α2b 软膏（假单胞菌）	尖锐湿疣、生殖器疱疹	哈药集团
重组人干扰素 α2b 乳膏	尖锐湿疣、生殖器疱疹	安徽安科

（续表）

名称	适应症	生产企业
重组人干扰素α2b喷雾剂（假单胞菌）	尖锐湿疣、生殖器疱疹	天津华立
重组人干扰素α2b滴眼液	单纯疱疹病毒性角膜炎	安徽安科
重组人干扰素α2a注射液	乙肝、丙肝、多种癌症	沈阳三生
重组人干扰素α2a栓	慢性宫颈炎、宫颈糜烂	长春长生基因、长春生研所
重组人干扰素α2a凝胶	单纯疱疹、尖锐湿疣	长春长生基因
重组人干扰素α1b注射液	病毒性疾病、某些恶性肿瘤	北京三元
重组人干扰素α1b喷雾剂	单纯疱疹	北京三元
重组人干扰素α1b滴眼液	单纯疱疹性眼病	长春长生基因、长春生研所、北京三元
重组人干扰素α2b凝胶	宫颈糜烂、尖锐湿疣	合肥兆科药业
重组人促红素注射液（CHO细胞）	肾功能不全所致贫血	麒麟鲲鹏（中国）、哈药集团、深圳赛保尔、华北制药金坦、山东科兴、沈阳三生、北京四环、成都地奥九泓、深圳新鹏、山西威奇光明、山东阿华
重组人表皮生长因子衍生物滴眼液	眼角膜上皮损伤	深圳华生元
重组人表皮生长因子外用溶液（Ⅰ）	烧伤、溃疡创面	深圳华生元
重组人表皮生长因子凝胶	皮肤烧烫创面	桂林华诺威
重组人表皮生长因子滴眼液	角膜移植、翳状胬肉术后	桂林华诺威

（续表）

名称	适应症	生产企业
重组人白细胞介素－2（125Ala）注射液	抗肿瘤	北京双鹭
重组人白介素－2注射液	抗肿瘤	北京四环生物
重组人p53腺病毒注射液	晚期鼻咽癌	深圳市赛百诺、上海三维
重组牛碱性成纤维细胞生长因子眼用凝胶	角膜上皮缺损、点状角膜病变	珠海亿胜
重组牛碱性成纤维细胞生长因子外用溶液	烧伤创面	珠海亿胜
重组牛碱性成纤维细胞生长因子凝胶	角膜上皮缺损、点状角膜病变	珠海亿胜
重组牛碱性成纤维细胞生长因子滴眼液	角膜上皮缺损、点状角膜病变	珠海亿胜
重组赖脯胰岛素注射液	糖尿病	甘李药业
重组赖脯胰岛素	糖尿病	甘李药业
重组抗CD25人源化单克隆抗体注射液	肾移植后急性排斥反应	上海中信国健
重组甘精胰岛素注射液	糖尿病	甘李药业
重组甘精胰岛素	糖尿病	甘李药业
重组B亚单位/菌体霍乱疫苗（肠溶胶囊）	预防霍乱	上海联合赛尔生物工程
治疗用卡介苗	结核病	成都生研所
治疗用布氏菌制剂	亚急性、慢性布氏菌病	兰州生研所、天津协和医药
游离三碘甲腺原氨酸放射免疫分析药盒	血清样本游离三碘甲腺原氨酸的定量测定	天津协和医药
游离甲状腺素放射免疫分析药盒	血清样本游离甲状腺素测定	内蒙古双奇
阴道用乳杆菌活菌胶囊	细菌性阴道病	辽宁依生

(续表)

名称	适应症	生产企业
乙型脑炎灭活疫苗(地鼠肾细胞)	预防乙脑	辽宁依生
乙型脑炎灭活疫苗(Vero细胞)	预防乙脑	北京天坛
乙型脑炎灭活疫苗	预防乙脑	兰州生研所、武汉生研所、成都生研所
乙型脑炎减毒活疫苗	预防乙脑	兰州生研所
乙型脑炎纯化疫苗(地鼠肾细胞)	预防乙脑	浙江天元
乙型脑炎纯化疫苗	预防乙脑	上海生研所、兰州生研所、同路生物、南岳生物、武汉生研所、深圳卫光
乙型肝炎人免疫球蛋白	预防乙肝	华兰生物工程、四川远大蜀阳、山东泰邦、绿十字(中国)、哈尔滨派斯菲科、贵州泰邦、广东双林、成都蓉生药业、浙江海康、西安回天血液制品、武汉中原瑞德、同路生物、山东泰邦、辽阳嘉德、广东卫伦、江西博雅、上海新兴、上海生研所
乙型肝炎病毒核心抗体诊断试剂盒(酶联免疫法)	乙肝病毒表面抗原测定	河南理利、重庆埃夫朗
乙型肝炎病毒核心抗体诊断试剂盒(放射免疫法)	乙肝病毒表面抗原测定	潍坊三维、北京北方生研所、北京福瑞、北京科美
乙型肝炎病毒核酸及YMDD变异检测试剂盒	乙肝病毒核酸及YMDD变异测定	深圳益生堂
乙型肝炎病毒表面抗原诊断试剂盒(酶联免疫法)	乙肝病毒表面抗原测定	武汉市常立、河南理利、艾康生物、郑州安图、北京万泰、兰州标佳、北京现代高达、北京华大吉比爱、北京科卫临床诊断、上海梅里埃、上海科华、深圳迈瑞、威海威高、珠海丽珠、华美生物、中山生物工程、北京金豪、潍坊三维、重庆埃夫朗、深圳华康、北京市福瑞、厦门英科新创、兰州生研所、北京新兴四寰、上海华泰、上海荣盛、北京北方生研所、沈阳惠民

（续表）

名称	适应症	生产企业
乙型肝炎病毒表面抗原诊断试剂盒（放射免疫法）	乙肝病毒表面抗原测定	潍坊三维、北京科美、北京福瑞、北京北方生研所
乙型肝炎病毒表面抗原诊断试剂盒	乙肝病毒表面抗原测定	兰州标佳、武汉爱恩地、上海复星长征
乙型肝炎病毒表面抗原定量检测试剂盒	乙肝病毒表面抗原测定	武汉爱恩地
乙型肝炎病毒、丙型肝炎病毒、人类免疫缺陷病毒（1型）核酸检测试剂盒（PCR－荧光法）	乙肝、丙肝、人类免疫缺陷病毒（1型）核酸测定	上海科华、上海浩源、苏州华益美
乙型肝炎病毒e抗原诊断试剂盒（酶联免疫法）	乙肝病毒e抗原测定	河南理利、重庆艾夫朗、潍坊三维、北京市福瑞、北京北方生研所、北京科美
胰高血糖素放射免疫分析药盒	胰高血糖素测定	天津九鼎医学
胰岛素放射免疫诊断试剂	胰岛素测定	天津协和医药、焦作解放免疫诊断试剂研究所
胸腺素氯化钠注射液	T细胞缺陷病	长春天诚
蝎毒注射液	镇痛剂	通化卫京
锡克试验毒素	精制白喉类毒素前阳性诊断	上海生研所
吸附无细胞百日咳疫苗	预防百日咳	兰州生研所、上海生研所
吸附无细胞百日咳联合疫苗	预防百日咳	武汉生研所、长春长生、北京天坛、成都生研所、兰州生研所
吸附破伤风疫苗	预防破伤风	成都生研所、北京天坛、武汉生研所、长春长生、上海生研所、兰州生研所
吸附百日咳白喉联合疫苗	预防百日咳、白喉	上海生研所、兰州生研所、成都生研所、武汉生研所

（续表）

名称	适应症	生产企业
吸附百日咳、白喉、破伤风、乙型肝炎联合疫苗	免疫接种	武汉生研所
吸附白喉疫苗（成人及青少年用）	预防白喉	成都生研所、北京天坛
吸附白喉疫苗	预防白喉	上海生研所、兰州生研所、成都生研所、武汉生研所、北京天坛、长春生研所
吸附白喉破伤风联合疫苗（成人及青少年用）	预防白喉、破伤风	北京天坛、上海生研所
吸附白喉破伤风联合疫苗	预防白喉	上海生研所、兰州生研所、成都生研所、武汉生研所、北京天坛、长春生研所
戊型肝炎病毒IgG抗体酶联免疫测定试剂盒	戊肝病毒IgG抗体检测	河南华美
无细胞百日咳b型流感嗜血杆菌联合疫苗	预防百日咳	北京民海
外用重组人粒细胞巨噬细胞刺激因子凝胶	创面愈合	长春金赛
外用重组人碱性成纤维细胞生长因子	创面愈合	南海朗肽、北京双鹭
外用重组人表皮生长因子	烧烫伤创面愈合	上海昊海
外用重组牛碱性成纤维细胞生长因子	创面愈合	长春长生
外用重组牛碱性成纤维细胞生长因子	创面愈合	珠海亿胜
外用红色诺卡氏菌细胞壁骨架	宫颈癌	辽宁纳可佳
外用冻干重组人酸性成纤维细胞生长因子	创面愈合	上海腾瑞

（续表）

名称	适应症	生产企业
外用冻干人纤维蛋白黏合剂	局部止血	上海莱士
外用冻干人凝血酶	烧伤	华兰生物工程
外科用冻干人纤维蛋白胶		华兰生物工程
透明质酸放免药盒	透明质酸测定	上海海研
透明质酸定量测定试剂盒（放射免疫法）	透明质酸测定	焦作市解放免疫诊断试剂研究所
铜绿假单胞菌注射液	恶性肿瘤辅助治疗	北京万特尔
铁蛋白放射免疫分析试剂盒	铁蛋白测定	天津协和医药
铁蛋白放射免疫分析试剂盒	铁蛋白测定	天津协和医药
铁蛋白放免药盒	铁蛋白测定	潍坊三维、成都云克药业
糖类抗原 50 免疫放射分析药盒	糖类抗原 50 测定	天津九鼎、天津协和医药
糖类抗原 242 免疫放射分析药盒	糖类抗原 242	天津九鼎、北京北方生研所
糖类抗原 19－9 免疫放射分析药盒	糖类抗原 19－9	天津九鼎
水痘减毒活疫苗	预防水痘	上海生研所、北京天坛、成都生研所、长春祈健
双歧杆菌四联活菌片	肠道菌群失调	杭州龙达新
双歧杆菌三联活菌散	肠道菌群失调	上海信谊
双歧杆菌三联活菌胶囊	肠道菌群失调	上海信谊
双歧杆菌三联活菌肠溶胶囊	肠道菌群失调	晋城海斯
双歧杆菌乳杆菌三联活菌片	肠道菌群失调	内蒙古双奇
双歧杆菌活菌散	肠道菌群失调	珠海丽珠

（续表）

名称	适应症	生产企业
双歧杆菌活菌胶囊	肠道菌群失调	珠海丽珠
双价肾综合征出血热灭活疫苗（沙鼠肾细胞）	预防Ⅰ型和Ⅱ型肾综合征出血热	浙江天元、长春生研所
双价肾综合征出血热灭活疫苗（Vero细胞）	预防Ⅰ型和Ⅱ型肾综合征出血热	浙江卫信、无锡罗益、兰州生研所
神经元特异性烯醇化酶免疫放射分析药盒	神经元特异性烯醇化酶测定	北京北方生研所
伤寒疫苗	伤寒	成都生研所
伤寒、副伤寒甲乙联合疫苗	伤寒、副伤寒甲乙	成都生研所
伤寒、副伤寒甲联合疫苗	伤寒、副伤寒甲乙	成都生研所
伤寒、副伤寒甲乙联合疫苗	伤寒、副伤寒甲乙	兰州生研所
伤寒Vi多糖疫苗	伤寒	上海生研所、兰州生研所、成都生研所、北京天坛、武汉生研所、长春生研所、北京智飞绿林
森林脑炎灭活疫苗	森林脑炎	长春生研所
三碘甲腺原氨酸放免药盒	三碘甲腺原氨酸测定	潍坊三维、成都云克
腮腺炎减毒活疫苗	腮腺炎	上海生研所、北京天坛、武汉生研所、浙江卫信、科兴（大连）
肉毒抗毒素	肉毒	兰州生研所
绒毛膜促性腺激素放免药盒	绒毛膜促性腺激素测定	潍坊三维
人用狂犬病疫苗（地鼠肾细胞）	狂犬病	河南远大、吉林亚泰、大连汉信、兰州生研所
人用狂犬病疫苗（Vero细胞）	狂犬病	宁波荣安、武汉生研所、吉林迈丰、辽宁成大、长春长生

（续表）

名称	适应症	生产企业
人血清游离三碘甲状腺原氨酸放射免疫诊断试剂盒	血清游离三碘甲状腺原氨酸测定	潍坊三维
人血清游离甲状腺素放射免疫诊断试剂盒	血清游离甲状腺素测定	潍坊三维
人血清促甲状腺素受体自身抗体放射受体分析药盒	人血清促甲状腺素受体自身抗体测定	天津市协和医药
人血清促甲状腺激素放射免疫诊断试剂盒	人血清促甲状腺激素测定	潍坊三维
人血清 C－肽放射免疫诊断试剂盒	人血清 C－肽测定	潍坊三维
人血白蛋白	失血创伤、烧伤所致休克	上海莱士、上海新兴、兰州生研所、上海生研所、河北大安、广东双林、广东卫伦、同路、辽阳嘉德、南岳生物、深圳卫武光明、四川远大蜀阳、华兰生物、贵州中泰、广东丹霞、哈尔滨派斯菲科、江西博雅、成都蓉生、浙江海康、山东泰邦、绿十字（中国）、广西柳州楚天舒、西安回天、武汉生研所、山西康宝、新疆德源、武汉中原瑞德、郑州邦和、贵州泰邦
人纤维蛋白黏合剂	局部止血	上海新兴
人纤维蛋白原	凝血障碍	上海生研所、江西博雅、成都蓉生、绿十字（中国）、华兰生物、哈尔滨派斯菲科、上海新兴、深圳卫武光明、上海莱士
人胎盘组织	妇科、皮肤科慢性炎症	广州悦康、邯郸康业、江西润泽、武汉生研所、湖南一格
人胎盘脂多糖注射液	防治感冒、慢性气管炎	湖南一格
人绒毛膜促性腺激素放射免疫分析药盒（测尿液）	人绒毛膜促性腺激素测定	原子高科

（续表）

名称	适应症	生产企业
人绒毛膜促性腺激素β亚单位放射免疫试剂盒	人绒毛膜促性腺激素测定	天津协和医药
人凝血因子Ⅷ	甲型血友病	同路生物、山东泰邦、成都蓉生、上海生研所、华兰生物、上海莱士、绿十字（中国）
人凝血酶原复合物	先天性、获得性凝血因子Ⅱ、Ⅶ、Ⅸ、Ⅹ缺乏	上海新兴、上海生研所、上海莱士、山东泰邦、贵州泰邦、华兰生物
人类免疫缺陷病毒（HIV）1+2型抗体酶联免疫法诊断试剂盒（双抗原夹心法）	HIV抗体测定	成都生研所
人免疫球蛋白	预防麻疹、传染性肝炎	上海生研所、兰州生研所、武汉生研所、山东泰邦、广东双林、广东卫伦、深圳卫光生物、辽宁嘉德、浙江海康、四川远大蜀阳、西安回天、南岳生物、河北大安、哈尔滨派斯菲科、广东丹霞、华兰生物、广西柳州楚天舒、山西康宝、武汉中原瑞德、成都蓉生、同路生物、江西博雅、贵州泰邦、郑州邦和、上海新兴
人类免疫缺陷病毒抗原抗体诊断试剂盒（酶联免疫法）	HIV抗原抗体测定	北京金豪、北京科卫、珠海丽珠、英科新创（厦门）、北京万泰
人类免疫缺陷病毒抗体诊断试剂盒（酶联免疫法）	HIV抗体测定	兰州生研所、艾康生物、威海威高、北京金豪、珠海丽珠、中山生物工程、深圳迈瑞、河南华美、上海永华、郑州安图、上海科华、上海荣盛、北京华大吉比爱、厦门英科新创、潍坊三维、北京万泰、上海梅里埃、北京贝尔
人类免疫缺陷病毒抗体、丙型肝炎病毒抗体联合检测试剂盒（酶联免疫法）	HIV抗体、丙肝测定	深圳华美圣科

（续表）

名称	适应症	生产企业
人类免疫缺陷病毒抗体（HIV1+2）及抗原（HIV1p24）联合检测试剂盒（酶联免疫法）	HIV 抗原抗体测定	上海梅里埃
人类免疫缺陷病毒 HIV（1+2）抗体诊断试剂盒（酶联免疫法）	HIV 抗体测定	北京现代高达
人类免疫缺陷病毒 HIV（-1/2）型抗体酶免检测试剂盒（双抗原夹心法）	HIV 抗体测定	河南理利
人类免疫缺陷病毒（HIV1/2）抗体检测剂（胶体金法）	HIV 抗体测定	河南华美
人类免疫缺陷病毒（HIV）抗原抗体诊断试剂盒（酶联免疫法）	HIV 抗原抗体测定	北京华大吉比爱
人促甲状腺素免疫放射分析药盒	人促甲状腺素测定	天津九鼎、天津协和医药
缺失型 α-地中海贫血基因诊断试剂盒（PCR 法）	地中海贫血诊断	深圳益生堂
全氟丙烷人血白蛋白微球注射液	超声增强	湖南康润
气管炎疫苗	气管炎	武汉生研所、江苏延申
破伤风人免疫球蛋白	破伤风	深圳卫光、武汉生研所、南岳生物、武汉中原瑞德、广东卫伦、华兰生物、同路生物、山东泰邦、广东双林、山西康宝、贵州泰邦、哈尔滨派斯菲科、上海科兴、四川远大蜀阳、成都蓉生、绿十字（中国）

（续表）

名称	适应症	生产企业
破伤风抗毒素	破伤风	上海赛伦、兰州生研所、武汉生研所、江西生研所、长春生研所、江西生研所
皮上划痕用鼠疫活疫苗	预防鼠疫	兰州生研所
皮上划痕用鼠疫炭疽活疫苗	预防鼠疫	兰州生研所
皮上划痕用鼠疫布氏菌活疫苗	预防鼠疫	兰州生研所
皮内注射用卡介苗稀释剂	预防结核病	成都生研所
皮内注射用卡介苗	预防结核病	陕西医药控股、上海生研所、成都生研所
牛痘疫苗致炎兔皮提取物注射液	颈、肩、腕综合征	威世药业
凝结芽孢杆菌活菌片	肠道菌群失调	青岛东海
脑膜炎球菌多糖疫苗稀释剂	预防脑膜炎	兰州生研所
免疫球蛋白G放射免疫分析药盒	免疫球蛋白G测定	天津九鼎
门冬胰岛素30注射液	糖尿病	诺和诺德（中国）
梅毒螺旋体抗体诊断试剂盒	梅毒抗体检测	深圳华美圣科、北京科卫、河北医科大学生物医学工程中心、艾康生物、珠海丽珠、北京万泰、深圳迈瑞、英科新创（厦门）、威海威高、潍坊三维、河南华美、兰州生研所、北京金豪、北京华大吉比爱、上海华生、中山生物工程、北京现代高达、北京贝尔
梅毒螺旋体抗体胶体金检测试纸条	梅毒抗体检测	河南华美
梅毒快速血浆反应素诊断试剂盒	梅毒抗体检测	北京科卫、重庆埃夫朗、上海科华、成都生研所
梅毒甲苯胺红不加热血清试验诊断试剂盒	梅毒抗体检测	北京金豪、北京万泰、厦门英科新创、成都生研所、兰州生研所、上海荣盛、郑州安图

（续表）

名称	适应症	生产企业
马破伤风免疫球蛋白（F（ab'）2）	破伤风	上海赛伦
麻疹腮腺炎联合减毒活疫苗	抗麻疹、腮腺炎	武汉生研所、上海生研所
麻疹减毒活疫苗	麻疹	上海生研所、武汉生研所、兰州生研所、北京天坛、长春祈健
麻疹风疹联合减毒活疫苗	麻疹、风疹	北京民海、北京天坛
麻腮风联合减毒活疫苗	麻腮风	北京天坛、上海生研所
绿脓杆菌制剂	肿瘤辅助治疗	河南威克西
流行性感冒裂解疫苗	预防流行性感冒	长春生研所
流感全病毒灭活疫苗	预防流行性感冒	北京天坛、长春生研所、兰州生研所
流感病毒亚单位疫苗	预防流行性感冒	天津天士力
流感病毒裂解疫苗	预防流行性感冒	江苏先声卫科、北京天坛、浙江天元、长春生研所、兰州生研所、大连汉信、上海生研所、深圳赛诺菲巴德斯、华兰生物、大连雅立峰、北京科兴
酪酸梭菌活菌散	消化不良	青岛东海
酪酸梭菌活菌胶囊	消化不良	重庆泰平、青岛东海
酪酸梭菌二联活菌散	消化不良	山东科兴
酪酸梭菌二联活菌胶囊	消化不良	山东科兴
蜡样芽孢杆菌活菌片	腹泻、肠炎	成都利尔
蜡样芽孢杆菌活菌胶囊	腹泻、肠炎	安阳源首
狂犬病人免疫球蛋白	狂犬病	上海新兴、武汉生研所、山东泰邦、广东卫伦、广东双林、华兰生物、南岳生物、同路生物、山西康宝、武汉中原瑞德、哈尔滨派斯菲特、江西博雅、四川远大蜀阳、深圳卫光
枯草芽孢杆菌喷雾剂	烧、烫伤	哈高科白天鹅
枯草杆菌活菌胶囊	腹泻、消化不良	华润紫竹
枯草杆菌二联活菌颗粒	腹泻、消化不良	北京韩美

（续表）

名称	适应症	生产企业
枯草杆菌二联活菌肠溶胶囊	腹泻、消化不良	北京韩美
口服轮状病毒活疫苗	预防A群轮状病毒	兰州生研所
口服脊髓灰质炎减毒活疫苗糖丸（猴肾细胞）	预防脊髓灰质炎	中国医学科学院生研所
口服脊髓灰质炎减毒活疫苗（人二倍体细胞）	预防脊髓灰质炎	北京天坛
口服福氏，宋内氏痢疾双价活疫苗	预防痢疾	兰州生研所
抗蝮蛇毒血清	蛇伤	上海赛伦
抗银环蛇毒血清	蛇伤	上海赛伦
抗乙型肝炎胎盘转移因子注射液	慢性乙肝	希百寿
抗乙肝转移因子口服液	慢性乙肝	大连百利天华
抗眼镜蛇毒血清	蛇伤	上海赛伦
抗五步蛇毒血清	蛇伤	上海赛伦
抗炭疽血清	炭疽	兰州生研所
抗人白介素-8鼠单抗乳膏	银屑病	大连亚维
抗人T细胞猪免疫球蛋白	免疫排斥	武汉生研所
抗人T细胞兔免疫球蛋白	免疫排斥	北京天坛
抗狂犬病血清	狂犬病	上海赛伦、兰州生研所、武汉生研所、长春生研所
抗A、抗B血型定型试剂（单克隆抗体）	血型检测	上海华泰、上海血液生物、北京金豪、合肥东南曼迪新、南京欣迪、兰州生研所、河北医科大学生物医学工程中心、长春博德、上海科华

（续表）

名称	适应症	生产企业
抗 A、抗 B 血型定型试剂人血清	血型检测	上海血液生物
康柏西普眼用注射液	抑制病理性血管生成	成都康弘
卡介菌多糖核酸注射液	慢性支气管炎	西安安泰、吉林亚泰、浙江万晟、湖南斯奇、成都生研所、陕西医药控股集团
聚乙二醇重组人生长激素注射液	人生长激素缺乏	长春金赛
聚乙二醇化重组人粒细胞刺激因子注射液	人生长激素缺乏	石药集团百克（山东）
静注乙型肝炎人免疫球蛋白（pH4）	乙肝	哈尔滨派斯菲科、四川远大蜀阳
静注人免疫球蛋白（pH4）	免疫球蛋白缺乏症	上海莱士、上海生研所、贵州邦泰、广西柳州楚天舒、贵州中泰、南岳生物、辽阳嘉德、华兰生物、江西博雅、同路生物、浙江海康、西安回天、武汉中原瑞德、广东双林、山东泰邦、四川远大蜀阳、哈尔滨派斯菲科、绿十字（中国）、深圳卫武、山西康宝、成都蓉生、武汉生研所、郑州莱士、郑州邦和、上海新兴、兰州生研所
精蛋白重组人胰岛素注射液	糖尿病	深圳科兴、珠海联邦、江苏万邦、通化东宝
蛋白重组人胰岛素混合注射液（50/50）	糖尿病	江苏万邦、珠海联邦
蛋白重组人胰岛素混合注射液（40/60）	糖尿病	通化东宝
蛋白重组人胰岛素混合注射液（30/70）	糖尿病	江苏万邦、珠海联邦
精蛋白锌重组赖脯胰岛素混合注射液（25R）	糖尿病	甘李药业
金葡素注射液	肿瘤辅助治疗	杭州国光、沈阳协和、浙江万翔

（续表）

名称	适应症	生产企业
结核菌素纯蛋白衍生物	结核病	北京祥瑞
甲状腺素放免药盒	甲状腺素测定	潍坊三维、成都云克
甲状腺素（T4）定量测定试剂盒（化学发光法）		北京科美
甲状腺球蛋白抗体及甲状腺微粒体抗体诊断试剂盒（放射免疫法）	甲状腺素测定	天津协和医药
甲状腺球蛋白抗体、微粒体抗体放射免疫诊断试剂盒	甲状腺素测定	潍坊三维
甲状腺球蛋白放射免疫分析药盒	甲状腺素测定	天津九鼎
甲状腺过氧化酶自身抗体放射免疫分析药盒	甲状腺素测定	北京北方
甲型乙型肝炎联合疫苗	甲肝、乙肝	北京科兴
甲型肝炎灭活疫苗	甲肝	中国医学科学院医学生研所、北京科兴
甲型肝炎减毒活疫苗	甲肝	长春生研所、中国医学科学院医学生研所
甲型肝炎病毒IgM抗体诊断试剂盒（酶联免疫法）	甲肝	唐山怡安、潍坊三维
甲型H1N1流感病毒裂解疫苗	甲型H1N1流感	江苏延申、北京科兴、大连雅立峰、浙江天元、长春生研所、华兰生物、北京天坛、上海生研所、兰州生研所
甲胎蛋白放射免疫分析药盒	甲胎蛋白测定	天津协和医药、潍坊三维、成都云克
脊髓灰质炎减毒活疫苗糖丸（人二倍体细胞）	脊髓灰质炎	北京天坛
脊髓灰质炎减毒活疫苗糖丸（猴肾细胞）	脊髓灰质炎	中国医学科学院医学生研所

（续表）

名称	适应症	生产企业
黄热减毒活疫苗	黄热病	北京天坛
骨肽片	骨性关节炎、风湿、骨折	黑龙江江世
钩端螺旋体疫苗	预防钩端螺旋体病	武汉生研所、成都生研所、上海生研所
甘胆酸放射免疫分析药盒	甘胆酸测定	天津九鼎
风疹减毒活疫苗	风疹	兰州生研所、上海生研所、北京天坛
粉尘螨皮肤点刺诊断试剂盒	粉尘螨	浙江我武生物科技
反三碘甲状腺原氨酸放射免疫诊断试剂	甲状腺原氨酸测定	天津协和医药、天津九鼎、成都云克
多价气性坏疽抗毒素	气性坏疽	兰州生研所
短棒状杆菌制剂	抗肿瘤	兰州生研所、江苏延申、长春生研所
冻干重组人脑利钠肽	失代偿心力衰竭	成都诺迪康
冻干乙型脑炎灭活疫苗（Vero 细胞）	乙脑	北京天坛、辽宁成大
冻干乙型肝炎人免疫球蛋白	乙脑	兰州生研所
冻干水痘减毒活疫苗	水痘	长春百克、长春长生
冻干鼠表皮生长因子	烧、烫伤	杭州天目北斗
冻干人用狂犬病疫苗	狂犬病	成都康华、兰州生研所、辽宁成大、武汉生研所、辽宁依生、长春长生、广州诺诚、宁波荣安
人血白蛋白	休克	兰州生研所
冻干人凝血酶	局部止血	上海莱士
冻干口服福氏、宋内氏痢疾双价活疫苗（FSM2117 株）	痢疾	兰州生研所
冻干静注乙型肝炎人免疫球蛋白（pH4）	乙肝	成都蓉生

（续表）

名称	适应症	生产企业
冻干静注人免疫球蛋白（pH4）	免疫缺陷	广东卫伦、深圳卫武光明、江西雅博、江西康宝、上海生研所、同路生物、武汉生研所、兰州生研所、哈尔滨派斯菲特、上海新兴、成都蓉生
冻干甲型肝炎减毒活疫苗	甲肝	中国医学科学院生研所、浙江普康、长春生研所、长春长生
冻干多价气性坏疽抗毒素	坏疽	长春长生
冻干A、C群脑膜炎球菌多糖结合疫苗	脑膜炎	玉溪沃森
碘［25I］血管紧张素Ⅱ放射免疫分析药盒	血管紧张素测定	原子高科
碘［131I］美妥昔单抗注射液	肝癌	成都华神
碘［125I］甲胎蛋白放射免疫分析药盒	甲胎蛋白测定	上海放射免疫分析
碘［125I］癌胚抗原放射免疫分析药盒	癌胚抗原测定	上海放射免疫分析
碘［125I］睾酮放射免疫分析药盒	睾酮测定	天津九鼎、原子高科、深圳拉尔文、北京北方生研所、北京科美
碘［125I］游离三碘甲状腺原氨酸放射免疫分析药盒	甲状腺原氨酸测定	北京北方生研所、原子高科、北京科美、北京福瑞
碘［125I］胰高血糖素放射免疫分析药盒	胰高血糖素测定	原子高科、北京北方生研所
碘［125I］胰岛素抗体分析药盒	胰岛素抗体测定	北京北方生研所、原子高科、天津九鼎、北京福瑞、北京科美
碘［125I］血清分泌型免疫球蛋白A放射免疫分析药盒	免疫球蛋白A测定	原子高科

（续表）

名称	适应症	生产企业
碘［125I］血管紧张素Ⅱ放射免疫分析药盒	血管紧张素Ⅱ测定	北京科美、北京北方生研所
碘［125I］血管紧张素Ⅰ放射免疫分析药盒	血管紧张素Ⅰ测定	原子高科、北京北方生研所、北京科美
碘［125I］心钠素放射免疫分析药盒	心钠素测定	原子高科、北京北方生研所
碘［125I］胃泌素放射免疫分析药盒	胃泌素测定	原子高科
碘［125I］胃癌MG抗原放射免疫分析药盒	胃癌MG抗原测定	北京福瑞
碘［125I］脱氧核糖核酸抗体分析药盒	脱氧核糖核酸抗体测定	原子高科、北京北方生研所
碘［125I］透明质酸放射免疫分析药盒	透明质酸测定	北京科美
碘［125I］铁蛋白放射免疫分析药盒	铁蛋白测定	天津九鼎、原子高科、北京科美、北京北方生研所
碘［125I］糖类抗原放射免疫分析药盒	糖类抗原测定	北京科美
碘［125I］三碘甲腺原氨酸放射免疫分析药盒	甲腺原氨酸测定	北京科美东雅、北京福瑞、北京北方生研所、原子高科、天津九鼎
碘［125I］人胎盘催乳素放射免疫分析药盒	人胎盘催乳素测定	天津九鼎、原子高科
碘［125I］人生长激素放射免疫分析药盒	人生长激素测定	天津九鼎、北京科美、北京北方生研所
碘［125I］人绒毛膜促性腺激素放射免疫分析药盒	人绒毛膜促性腺激素测定	北京科美、北京北方生研所、天津九鼎、原子高科
碘［125I］人促卵泡生成激素放射免疫分析药盒	人促卵泡生成激素测定	天津九鼎、原子高科、北京科美、北京北方生研所

（续表）

名称	适应症	生产企业
碘［125I］人促甲状腺激素纸片放射免疫分析药盒	人促甲状腺激素测定	原子高科、北京北方生研所、北京科美、天津九鼎、北京福瑞、天津协和医药
碘［125I］人促黄体生成激素放射免疫分析药盒	人促黄体生成激素测定	原子高科、北京科美、北京北方生研所
碘［125I］人 C 肽放射免疫分析药盒	人 C 肽测定	北京福瑞、北京科美、原子高科、北京北方生研所
碘［125I］醛固酮放射免疫分析药盒	醛固酮测定	天津九鼎、北京科美、北京北方生研所
碘［125I］前列腺特异抗原放射免疫分析药盒	前列腺特异抗原测定	北京科美、天津九鼎、原子高科
碘［125I］皮质醇放射免疫分析药盒	皮质醇测定	天津九鼎、原子高科、北京科美、北京北方生研所
碘［125I］免疫球蛋白 G 放射免疫分析药盒	免疫球蛋白 G 测定	原子高科
碘［125I］甲状腺微粒体抗体分析药盒	甲状腺微粒体抗体测定	北京科美、原子高科、北京北方生研所
碘［125I］甲状腺素放射免疫分析药盒	甲状腺素放射测定	天津九鼎、北京福瑞、北京科美、原子高科、北京北方生研所
碘［125I］甲状腺球蛋白抗体分析药盒	甲状腺球蛋白抗体测定	北京科美、原子高科、北京北方生研所
碘［125I］甲胎蛋白放射免疫分析药盒	甲胎蛋白测定	天津九鼎、北京福瑞、原子高科、北京科美、北京北方生研所
碘［125I］甘胆酸放射免疫分析药盒	甘胆酸测定	北京科美、原子高科、北京北方生研所
碘［125I］分泌型免疫球蛋白 A 放射免疫分析药盒	分泌型免疫球蛋白 A 测定	原子高科
碘［125I］反三碘甲腺原氨酸放射免疫分析药盒	反三碘甲腺原氨酸测定	原子高科、北京北方生研所

（续表）

名称	适应症	生产企业
碘［125I］地高辛放射免疫分析药盒	地高辛测定	北京北方生研所
碘［125I］催乳素放射免疫分析药盒	催乳素测定	天津九鼎、深圳拉尔文、原子高科、北京科美、北京北方生研所、天津协和医药
碘［125I］促甲状腺激素放射免疫分析药盒	促甲状腺激素测定	深圳拉尔文、潍坊三维、成都云克
碘［125I］促黄体生成激素放射免疫分析药盒	促黄体生成激素测定	深圳拉尔文、天津协和医药
碘［125I］雌三醇放射免疫分析药盒	雌三醇测定	天津九鼎、原子高科、北京北方生研所、北京科美、深圳拉尔文
碘［125I］超氧化物歧化酶放射免疫分析药盒	超氧化物歧化酶测定	北京北方生研所
碘［125I］白蛋白放射免疫分析药盒	白蛋白测定	北京科美、北京北方生研所、原子高科
碘［125I］癌胚抗原放射免疫分析药盒	癌胚抗原测定	天津九鼎、北京福瑞、原子高科、北京科美、北京北方生研所
碘［125I］β2－微球蛋白放射免疫分析药盒	β2－微球蛋白测定	天津九鼎、北京科美、原子高科、北京北方生研所
碘［125I］TH 糖蛋白放射免疫分析药盒	TH 糖蛋白测定	原子高科、北京北方生研所
碘［125I］黄体酮放射免疫分析药盒	黄体酮测定	天津协和医药
碘［125I］－人促卵泡生成激素放射免疫分析药盒	人促卵泡生成激素测定	天津协和医药
碘［125I］－甲状腺素放射免疫分析药盒	甲状腺素测定	天津协和医药
碘［125I］－雌二醇放射免疫分析药盒	雌二醇测定	天津协和医药

（续表）

名称	适应症	生产企业
碘［125I］3，3′，5－三碘甲腺原氨酸摄取分析药盒（大颗粒白蛋白法）	3，3′，5－三碘甲腺原氨酸测定	北京北方生研所
地衣芽孢杆菌活菌颗粒	肠炎	东北制药集团、浙江京新
大流行流感病毒灭活疫苗	流感	北京科兴
层粘连蛋白放射免疫分析药盒	层粘连蛋白测定	上海海研、焦作解放免疫诊断
草分枝杆菌 F. U. 36 注射液	肺结核辅助治疗	成都金星健康
丙型肝炎病毒抗体诊断试剂盒（酶联免疫法）	丙肝	上海永华细胞、河南理利、河南华美、珠海丽珠、河南康鑫、北京贝尔、郑州安图、河北医科大学生物医学工程中心、沈阳惠民、深圳华康、威海威高、湖南康润、深圳迈瑞、上海中信亚特斯、北京新兴四寰、厦门英科新创、北京金豪、北京华大吉比爱、上海复星长征、北京科卫、上海科华、北京万泰、艾康生物、潍坊三维、中山生物、上海荣盛、兰州生研所、兰州标佳
丙型肝炎病毒分片段抗体检测试剂盒（蛋白芯片）	丙肝抗体测定	深圳益生堂
丙肝病毒抗体酶免测定试剂盒	丙肝抗体测定	北京现代高达
百日咳菌苗	预防百日咳	上海生研所、兰州生研所
白喉抗毒素	预防治疗白喉	武汉生研所、兰州生研所、长春生研所
白蛋白放射免疫诊断试剂	白蛋白测定	天津协和医药、潍坊三维、天津九鼎

（续表）

名称	适应症	生产企业
癌胚抗原放射免疫分析药盒	癌胚抗原测定	天津协和医药、成都云克、天津九鼎、北京北方生研所、天津九鼎
微球蛋白放免药盒 β2、α1	微球蛋白测定	潍坊三维、成都云克、天津九鼎、北京北方生研所
Ⅳ型、Ⅲ型、Ⅰ型前胶原放射免疫分析药盒	Ⅳ型、Ⅲ型、Ⅰ型前胶原测定	北京北方生研所、浙江天元、上海海研、焦作解放免疫
b 型流感嗜血杆菌结合疫苗	流感	北京智飞绿竹、北京民海、玉溪沃森、兰州生研所、成都生研所
RhD 血型定型试剂（单克隆抗体 IgM）	RhD 血型测定	苏州苏大赛尔
I 型、II 型肾综合征出血热灭活疫苗	预防型肾综合征出血热	浙江天元
III 型前胶原氨端肽放射免疫分析药盒	III 型前胶原氨端肽	焦作解放免疫
HLA－DRB1 基因（13 个型）、HLA－DQB1 基因、HLA－AB 基因分型试剂盒	HLA－DRB1 基因（13 个型）、HLA－DQB1 基因、HLA－AB 基因测定	深圳益生堂
C 肽放射免疫诊断试剂	C 肽测定	天津协和医药
A 群脑膜炎球菌多糖疫苗稀释液	脑膜炎	上海生研所、成都生研所
A 群脑膜炎球菌多糖疫苗	脑膜炎	上海生研所、成都生研所、兰州生研所、武汉生研所、北京天坛、长春生研所、浙江天元
AC 群脑膜炎球菌结合疫苗	脑膜炎	无锡罗益、玉溪沃森、北京智飞绿竹、兰州生研所、北京祥瑞
AC 群脑膜炎球菌（结合）b 型流感嗜血杆菌（结合）联合疫苗	脑膜炎、流感	北京智飞绿竹

（续表）

名称	适应症	生产企业
ACYW135群脑膜炎球菌多糖疫苗	脑膜炎	北京智飞绿竹、华兰生物工程、成都康华、长春长生、浙江天元、玉溪沃森
ABO血型定型试剂	血型测定	成都协和
50/50、30/70混合重组人胰岛素注射液	Ⅰ型或Ⅱ型糖尿病	通化东宝
23价肺炎球菌多糖疫苗	肺炎	成都生研所

附录四　相关网站

1. 国内外生物制药业相关的网址

(1) 国内：

①国家食品药品监督管理局　http：//www. sda. gov. cn/WS01/CL0001/

②中华人民共和国国家卫生和计划生育委员会　http：//www. nhfpc. gov. cn/

③生物医药科研网　http：//www. hnsci. net/

④中国生物技术信息网　http：//www. biotech. org. cn/

⑤生物谷　http：//www. bioon. com/

⑥中生网　http：//www. seekbio. com/

⑦中国生物信息　http：//www. biosino. org/

⑧光谷生物城　http：//www. biolake. gov. cn/

⑨中国生物器材网　http：//www. bio - equip. com/

⑩绿谷生物网　http：//www. ibioo. com/

⑪生物行　http：//www. bioguider. com/

⑫丁香通　http：//www. biomart. cn/

⑬丁香园　http：//www. dxy. cn/

⑭生物搜　http：//www. biosou. com/

⑮生命经纬　http：//www. biovip. com/

⑯中国遗传杂志　http：//www. chinagene. cn/CN/volumn/home. shtml

⑰生化分析仪器网　http：//www. yiqiwu. com/

⑱生技网　http：//www. biogo. net/

⑲生物吧　http：//www. biobars. cn/index. html

⑳生物秀 http：//www. bbioo. com/
㉑基因时代 http：//www. ggene. cn/
㉒泛球生物网 http：//www. btl－ch. com/index. asp
㉓中国医疗健康产业网 http：//www. bionews. com. cn/
㉔生物资讯网 http：//www. bio168. com/news/
㉕慧聪制药工业网 http：//www. pharmacy. hc360. com/
㉖中国发酵原料药网 http：//www. fajiao. net. cn/
㉗来邦网 http：//www. labome. cn/
㉘生物化学资料网 http：//www. biochemlab. cn/
㉙中国医药信息网 http：//www. cpi. gov. cn/
㉚生物医药科研网 http：//www. hnsci. net/
㉛华美生物 http：//www. cusabio. cn/
㉜生物无忧 http：//www. 51atgc. com/
㉝中国细胞治疗网 http：//www. xibaozhiliao. com/index
㉞干细胞科学网 http：//www. stemcells. com. cn/
㉟美迪医疗网 http：//www. maydeal. com/
㊱广州生物医药网 http：//www1. gzbio. net/
㊲中国医学生物信息网 http：//cmbi. bjmu. edu. cn/default. htm
㊳海南干细胞网 http：//www. hnsgxbk. com/
㊴生物制品商情网 http：//www. caoyw. com/
㊵中国生物医药网 http：//www. zgswyyw. com/
㊶生物诊断网 http：//www. bio－diag. net/
㊷百奥知 http：//www. bioknow. cn/portal/
㊸医药在线 http：//www. cnm21. com/
㊹药智网 http：//www. yaozh. com/
（2）国外：
①美国 FDA 网页 http：//www. fda. gov/
②Nature http：//www. nature. com/
③Cell http：//www. cell. com/cellpress
④NCBI http：//www. ncbi. nlm. nih. gov/
⑤Science http：//www. sciencemag. org/
⑥High Wire Press http：//highwire. stanford. edu/

⑦PubMed Central　http：//www. ncbi. nlm. nih. gov/pmc/
⑧BioMed Central　http：//www. biomedcentral. com/
⑨Bioline international　http：//www. bioline. org. br/journals
⑩Free Medical Journals　http：//www. freemedicaljournals. com/
⑪SciELO（Scientific Electronic Library Online）　http：//www. scielo. br/
⑫Academic Journals Inc　http：//academicjournalsinc. com/
⑬Hindawi Publishing Corporation　http：//www. hindawi. com/

2. 部分生物制药组织机构

①中国科学院生命科学与生物技术局　http：//www. bio. cas. cn/
②中国生物工程学会　http：//www. csbme. org/
③中国医药生物技术协会　http：//www. cmba. org. cn/
④中国生物技术发展中心　http：//www. cncbd. org. cn/web/Default. aspx
⑤上海市生物医药行业协会　http：//www. sbia. org. cn/index. html
⑥中国科学院上海生命科学研究院　http：//www. sibs. cas. cn/

参考文献

第一章

[1] 郭勇. 生物制药技术. 北京：中国轻工业出版社，2000.

[2] 李津明. 现代制药技术. 北京：中国医药科技出版社，2005.

[3] 元英进. 制药工艺学. 北京：化学工业出版社，2005.

[4] 吴梧桐. 生物制药工艺学. 北京：中国医药科技出版社，1993.

[5] 李良铸，李明晔. 最新生化药物制备技术. 北京：中国医药科技出版社，2002.

[6] 李淑芬，姜忠义. 高等制药分离工程. 北京：化学工业出版社，2004.

[7] 马清钧. 生物技术药物. 北京：化学工业出版社，2002.

[8] 宋航. 制药工程技术概论. 北京：化学工业出版社，2006.

[9] 宋思扬，楼士林. 生物技术概论. 北京：科学出版社，2003.

[10] 王旻. 生物制药技术. 北京：化学工业出版社，2003.

[11] 熊宗贵. 生物技术制药. 北京：高等教育出版社，2002.

[12] 严希康. 生化分离工程. 北京：化学工业出版社，2003.

[13] Junlin Wen, Suqing Zhao, Daigui He, et al. Preparation and characterization of egg yolk immunoglobuliny specific to influenza B virus. Antiviral Research, 2012, 93: 154 – 159.

[14] Xiaozhong Wu, Suqing Zhao, Jun Zhang, et al. Encapsulation of EV71 – specific IgY antibodies by multilayer polypeptide microcapsules and its sustained release for inhibiting enterovirus 71 replication. Cite this: RSC Adv, 2014, 4: 14603.

[15] Yuan – e Yang, Junlin Wen, Suqing Zhao, et al. Prophylaxis and therapy of pandemic H1N1 virus infection using egg yolk antibody. Journal of Virological Methods, 2014, 206: 19 – 26.

第二章

[1] 夏焕章. 生物技术制药. 北京：高等教育出版社，2006.

[2] 李津明. 生物技术制药. 北京：科学出版社，2008.

[3] 张林生. 制药工艺学. 北京：化学工业出版社，2005.

[4] 郭养浩. 药物生物技术. 北京：高等教育出版社，2005.

[5] 周东坡. 生物制品学. 北京：化学工业出版社，2007.

[6] 严希康. 生化分离工程. 北京：化学工业出版社，2003.

第三章

[1] 盛龙生，等编. 药物分析［M］. 北京：化学工业出版社，2003.

[2] 杨汝德，吴晓英编著. 生物药物分析与检验［M］. 广州：华南理工大学出版社，2003.

[3] 王沛主编. 制药工程设计［M］. 北京：人民卫生出版社，2008.

第四章

[1] 加藤隆一. ォーバーレビユー创药の现状と 将来への［J］. 蛋白质核酸酵素，2000，45 (6)：763.

[2] Weinstein IB. Addiction to oncogenes – the achilles heal of cancer. Science，2002，297 (5578)：63264.

[3] Weinstein I B，Joe A K. Mechanisms of disease：oncogene addic tion – a rationale for molecular targeting in cancer therapy. Nat Clin Pract Oncol，2006，3 (8)：448 –457.

[4] Bridge A J，Pebernard S，Ducraux A，et al. Induction of an interferon response by RNAi vectors in mammalian cells. Nat Genet，2003，34 (3)：263 –264.

[5] Jackson A L，Bartz S R，Schelter J，et al. Expression p rofiling reveals off – target gene regulation by RNAi. Nat Biotechnol，2003，21 (6)：635 –637.

[6] Grimm D，Streetz K L，Jop ling C L，et al. Fatality in mice due to over saturation of cellular microRNA / short hairp in RNA pathways. Nature，2006，441 (7092)：537 –541.

[7] Mackeigan J P，Murphy L O，Blenis J. Sensitized RNAi screen of human kinases and phosphatases identifiles new regulators of apoptosis and chemoresistance. Nat Cell Biol，2005，7 (6)：591 –600.

[8] Moffat J，Grueneberg D A，Yang X，et al. A lentiviral RNAi library for human and mouse genes applied to an arrayed viral high – contents screen. Cell，2006，124 (6)：1283 –1298.

[9] Rothenberg S M，Engelman J A，Le S，et al. Modeling oncogene addiction using RNA interference. Proc Natl Acad Sci USA，2008，105 (34)：12480 –12484.

[10] Fujiwara T，Kataoka M，Tanaka N. Adenovirus – mediated p53 gene therapy for human cancer. Mol Urol，2000，4 (2)：51 –54.

[11] Hajeri P B，Singh S K. siRNAs：their potential as therapeutic agents. Part Ⅰ. Designing of siRNAs. Drug Discov Today，2009，14 (17 /18)：851 –858.

[12] Allen T M，Newman M S，Woodle M C，et al. Pharmacokinetics and anti – tumor activity of vincristine encapsul ated in sterically stabilized liposomes. Int J Cancer，1995，62 (2)：199 –204.

[13] Nielsen P E，Egholm M，Berg R H，et al. Sequence selective recognition of DNA by strang

displacement with a thymine substituted polyamide. Science, 1991, 254 (5037): 1491 - 1500.

[14] 周颖，毛建平. Ribozyme 和 DNAzyme 的基因治疗实验应用进展 [J]. 中国生物工程杂志，2010，30 (6)：122 - 129.

[15] Kubo T, Takamori K, Kanno K, et al. Efficient cleavage of RNA, enhanced cellular uptake, and controlled intracellular localization of conjugate DNA zymes. Bioorg Med Chem Lett, 2005, 15 (1): 167 - 170.

[16] 孙小娟. 腺相关病毒载体应用的研究进展 [J]. 国外医学生理、病理科学与临床分册，2003，23 (6)：588 - 590.

[17] Mahendra G, Kumar S, Isayeva T, et al. Antiangiogenic cancer gene therapy by adeno - associated virus mediatedstable expression of the soluble FMS - like tyrosine kinase - 1 receptor. Cancer Gene Ther, 2005, 12 (1): 26 - 34.

[18] Kaplitt M G, Feigin A, Tang C, et al. Safety and tolerability of gene therapy with an adeno - associated virus (AAV) borne GAD gene for Parkinson's disease: an open label, phase I trial. Lancet, 2007, 369 (9579): 2097 - 2105.

[19] Tang M X, Szoka F C. The influence of polymer structure on the interactions of cationic polymers with DNA and morphology of the resulting complexes. Gene Ther, 1997, 4 (8): 823 - 832.

[20] 高欣，Dorian A，Canelas，等. 采用非浸润模板制作纳米颗粒基因药物 [J]. 长春理工大学学报（自然科学版），2010，33 (1)：116 - 120.

[21] SaitoG, Swanson J A, Lee K D. Drug delivery strategy utilizing conjugation via reversible disulfide linkages: role and site ofcellular reducing activities. Adv Drug Deliv Rev, 2003, 55: 199 - 215.

[22] Matulic - Adamic J, Serebryany V, Haeberli P, et al. Synthesis of N - acetyl - D - galactosamine and folic acid conjugated ribozymes. Bioconjug Chem, 2002, 13 (5): 1071 - 1078.

[23] Elfinger M, Geiger J, Hasenpusch G, et al. Targeting of the beta (2) - adrenoceptor in creases nonviral gene delivery to pulmonary epithelial cells in vitro and lungs in vivo. J Con trol Release, 2009, 135 (3): 234 - 241.

[24] Lipid - based formulations of antisense oligonucleotides for systemic delivery applications. Methods Enzymol, 2000, 313: 322 - 341.

[25] Bowman K, Leong K W. Chitosan nanoparticles for oral dn - g and gone delivery. Int J Nanomedieine, 2006, 1 (2): 117 - 128.

[26] Chen J, Yang W L, Li G, et al. Transfection of mEpo gene to intestinal epithelium in vivo mediated by oral delivery of chitosan - DNA nanoparticles. World J Gastroenterol, 2004, 10

(1): 112 - 116.

[27] Niu Y, Epperly M W, Shen H, et al. Intraesophageal MnSOD - plasmid liposome enhances engraftment and self - renewal of bone marrow derived progenitors of esophageal squamous epithelium. Gene Ther, 2008, 15 (5): 347 - 356.

[28] Li M, Lonial H, Citarella R, et al. Tumor inhibitory activity of anti - ras ribozymes delivered by retroviral gene transfer. Cancer Gene Ther, 1996, 3 (4): 221 - 229.

[29] Seppen J, Barry S C, Klinkspoor J H, et al. Apical gene transfer into quiescent human and canine polarized intestinal epithelial cells by lentivirus vectors. J Virol, 2000, 74 (16): 7642 - 7645.

[30] Varghese S, Rabkin S D. Oncolytic herpes simplex virus vectors for cancer virotherapy. Cancer Gene Ther, 2002, 9 (12): 967 - 978.

[31] Ko S Y, Cheng C, Kong W P, et al. Enhanced induction of intestinal cellular immunity by oral priming with enteric adenovirus 41 vectors. J Virol, 2009, 83 (2): 748 - 756.

[32] Wirtz S, Galle P R, Neurath M F. Efficient gene delivery to the inflamed colon by local administration of recombinant adenoviruses with normal or modified fibre structure. Gut, 1999, 44 (6): 800 - 807.

[33] Wu Y, Wang X, Csencsits K L, et al. M cell - targeted DNA vaccination. PNAS, 2001, 98 (16): 9318 - 9323.

[34] Bowman K, Sarkar R, Raut S, et al. Gene transfer to hemophilia A mice via oral delivery of FVIII - chitosan nanoparticles. J Control Release, 2008, 132 (3): 252 - 259.

[35] Rajeshkumar S, Venkatesan C, Sarathi M, et al. Oral delivery of DNA construct using chitosan nanoparticles to protect the shrimp from white spot syndrome virus (WSSV). Fish Shellfish Immunol, 2009, 26 (3): 429 - 437.

[36] Griesenbach U, Geddes D M, Alton E W. Gene therapy progress and prospects: cystic fib rosis. Gene Ther, 2006, 13 (14): 1061 - 1067.

[37] 储辰. 基因药物呼吸道给药载体的发展 [J]. 上海交通大学学报（医学版）, 2010: 592 - 596.

[38] 王启钊, 吕颖慧, 费凌娜. 肿瘤基因治疗的研究进展与思考 [J]. 中国肿瘤临床, 2010, 37 (15): 893 - 896.

[39] 李保卫. 单链抗体、RGD 与力达霉素在链霉菌中的融合表达研究暨多靶点 RNA 联合干扰在肿瘤治疗中的应用研究 [D]. 中国协和医科大学, 2008.

[40] Mulligan R C. The basic science of gene therapy. Science, 1993, 260 (5110): 926 - 932.

[41] Kim S U, Park I H, Kim T H, et al. Brain transplantation of human neural stem cells transduced with tyrosine hydroxylase and GTP cyclohydrolase 1 provides functional improvement in animal models of Parkinson disease. Neuropathology, 2006, 26 (2): 129 - 140.

[42] Fukuhara Y, Li X K, Kitazawa Y, et al. Histopathological and behavioral improvement of murine amucopolysaccharidos is type VII by intracerebral transplantation of neural stem cells. Mol Ther, 2006, 13 (3): 548 - 555.

[43] L I S, Gao Y, Tokuyama T, et al. Genetically engineered neural stem cells migrate and supp ress glioma cell growth at distant intracranial sites. Cancer Lett, 2007, 251 (2): 220 - 227.

[44] 孙华文，唐启彬，汤聪，邹声泉，裘法祖. 转基因 Survivin 树突状细胞抗消化道肿瘤的免疫效应研究 [J]. 中华实验外科杂志，2004，21 (12)：1490 - 1492.

[45] 赖海标，吴松，钟希文，等. 重组腺病毒介导 survivin 基因转染树突状细胞对肾细胞癌的免疫效应 [J]. 中国肿瘤生物治疗杂志，2008：331 - 335.

[46] Mitsuyasu R T, Merigan T C, Carr A, et al. Phase 2 gene therapy trial of an anti - HIV ribozyme in autologous CD34 + cells. Nature Medicine, 2009, 15 (3): 285 - 292.

[47] 朱迅. 医药生物技术及生物技术药物 (二)[J]. 创新与管理，2009，3 (11)：45 - 52.

[48] 王旻. 治疗性抗体药物研究与发展趋势 [J]. 药物生物技术，2011，18 (2)：95 - 99.

[49] 吴卫星，杨宁，张毓等. 单克隆抗体药物风雨飘摇 20 年 [J]. 生物技术通讯，2006：764 - 767.

[50] Schrama D, Reisfled R A, Becker J C. Antibody targeted drugs as cancer therapeutics. Nat Rev Drug Discovery, 2006, 5 (2): 147 - 159.

[51] 张启波，詹辉. 蛋白类抗肿瘤药物及其应用研究进展 [J]. 国际泌尿系统杂志，2010，30 (4)：474 - 476.

[52] Cui Y, Liu Y, Chen Q, et al. Genomic cloning, characterization and statistical analysis of an antitumor - analgesic peptide from Chinese scorpion Buthus martensii Karsch. Toxicon, 2010, 56 (3): 432 - 439.

[53] 郭葆玉，等编. 基因工程药学 [M]. 北京：人民卫生出版社，2010.

[54] Cwirla S E, Balasubramanian P, Duffin D J, et al. Peptide agonist of the thrombopoietin receptor as potent as the natural cytokine. Science, 1997, 276 (5319): 1696 - 1699.

[55] Kimura T, Kaburaki H, Miyamoto S, et al. Discovery of a novel thrombopoietin mimic aganist peptide. J Biochem (Tokyo), 1997, 122 (5): 1046 - 1051.

[56] Mirshahidi S, Kramer V G, Whitney J B, et al. Overlapping synthetic peptides encoding TPD52 as breast cancer vaccine in mice: prolonged survival . Vaccine, 2009, 27 (12): 1825 - 1833.

[57] Silva - Flannery L M, Cabrera - Mora M, Jiang J, et al. Recombinant peptide replicates immunogenicity of synthetic linear peptide chimera for use as pre - erythrocytic stage malaria vaccine. Microbes Infect, 2009, 11 (1): 83 - 91.

[58] 陈贯虹，迟建国，邱维忠等. 多肽药物的研究进展 [J]. 山东科学，2008，21 (3)：42 - 48.

[59] 宗宪磊，蔡景龙，庞力，等. 应用噬菌体随机七肽库筛选人角质细胞生长因子模拟肽 [J]. 中国修复重建外科杂志，2009，23 (2)：183 - 187.

[60] Kupsch J M, Tidman N H, Kang N V, et al. Isolation of Human Tumor - Specific Antibodies by Selection of an Antibody Phage Library on Melanoma Cells. Clin Cancer Res, 1999, 5 (4): 925 - 931.

[61] Poul M A, Becerril B, Nielsen U B, et al. Selection of tumor - specific Internalizing human antibodies from phage libraries. J Mol Biol, 2000, 301 (5): 1149 - 1161.

[62] Nizet V. Antimicrobial peptide resistance mechanisms of human bacterial pathogens. Curr Issues Mol Biol, 2006, 8 (1): 11 - 26.

[63] Zhang L, Parente J, Harris S M, et al. Antimcrobial peptide therapeutics for cystic fibrosis. Antimicrob Agents Chemother, 2005, 49 (7): 2921 - 2927.

[64] Tsopanoglou N E, Papaconstantinou M E, Flordellis C S, et al. On the mode of action of thrombin Induced angiogenesis: thrombin peptide, TP508, mediates effects in endothelial Cells via alphavbeta3 Integrin. Thromb Haemost, 2004, 92 (4): 846 - 857.

[65] ZHang Y L, Akmal K M, et al. Expression of Germ Cell Nuclear Factor (GCNF/RTR) During Spermatogenesis. Mol Reprod Dev, 1998, 50 (1): 93 - 102.

[66] Carron C P, Meyer D M, et al. A Peptidomimetic Antagonist of the Integrin Alpha (v) beta 3 Inhibits Leydig Cell Tumor Growth and the Development of Hypercalcemia of Malignancy. Cancer Res, 1998, 58 (9): 1930 - 1935.

[67] Jonasson P, Liljeqvist S, Nygren P A, et al. Genetic design for facilitated production and recovery of recombinant proteins in Escherichia coli. Biotechnology and Applied Biochemistry, 2002, 35 (2): 91 - 105.

[68] Zhang Y, Guo Y J, Sun S H, et al. Non - fusion expression in Eschriebia coli, purification, and characterization of a novel Ca2 + and phospholipids - binding protein annexin B1. Protein Expr Purif, 2004, 34 (1): 68 - 74.

[69] Arnau J, Lauritzen C, Petersen G E, et al. Current strategies for the use of affinity tags and tag removal for the purification of recombinant proteins. Protein Expr Purif, 2006, 48 (1): 1 - 13.

[70] Kuba H, Furukawa A, Okajima T, et al. Efficient bacterial production of functional antibody fragments using a phagemid vector. Protein Expr Purif, 2008, 58 (2): 292 - 300.

[71] 欧阳立明，张惠展，张嗣良. 巴斯德毕赤酵母的基因表达系统研究进展 [J]. 生物化学与生物物理进展，2000，27 (2)：151 - 154.

[72] Hang H F, Ye X H, Guo M J, et al. A simple fermentation strategy for high - level production

of recombinant phytase by Pichiapastoris using glucose as the growth substrate. Enzyme and Microbiology Technology, 2009, 44 (4): 185 - 188.

[73] 张倩, 宋海峰. 毕赤酵母 N - 糖基化改造的研究进展 [J]. 中国新医药杂志, 2008, 17 (14): 1206 - 1208.

[74] Ailor E, Betenbaugh M J. Modifying secretion and post - translation processing in insect cells. Curr Opin Biotechnol, 1999, 10 (2): 142 - 145.

[75] Thomas A K, Patric C, Donald L J. Baculovirus as versatile vectors for protein expression in insect and mammalian cells. Nature Biotechnology, 2005, 23 (5): 567 - 575.

[76] Breithach K, Jarvis D L. Improved glycosylation of foreign protein by TN5 B1 - 4 cells engineered to express mammalian glycosyltransferases. Biotechnol Bioeng, 2001, 74: 230 - 239.

[77] 彭伍平, 仇华吉. 重组杆状病毒: 一种新型哺乳动物细胞基因转移载体 [J]. 中国生物工程杂志, 2006, 27 (1): 126 - 130.

[78] Browne S M, Al - Rubeai M. Selection methods for high - producing mammalian cell lines. Trends Biotechnol, 2007, 25: 425 - 432.

[79] 黄宝斌. 长效蛋白和多肽类药物的研发现状 [J]. 国际生物制品学杂志, 2008, 31 (1): 31 - 34.

[80] 傅一鸣, 王清明, 安利国. 蛋白质和多肽药物长效性研究进展 [J]. 生物科学, 2008, 20 (2): 258 - 262.

[81] Dunn C J, Plosker G L, Keating G M, et al. Insulin glargine: an updated review of its use in the management of diabetes mellitus. Drugs, 2003, 63 (16): 1743 - 1778.

[82] 张兵, 邹文艺, 范清林等. 长效重组药物研究进展 [J]. 生物学杂志, 2008, 25 (3): 9 - 12.

[83] 才蕾, 高向东, 朱姝, 等. 聚乙二醇修饰尿酸酶的研究 [J]. 中国药科大学学报, 2008, 39 (6): 557 - 562.

[84] Kaneda Y, Tsutsumi Y, Yoshioka Y, et al. The use of PVP as a polymeric carrier to improve the plasma half - life of drugs. Biomaterials, 2004, 25 (16): 3259 - 3266.

[85] Fasano A, Uzzau S. Modulation of intestinal tight junctions by zonula occludens toxin permits enteral administration of insulin and other macromolecules in an animal model. J Clin Invest, 1997, 99 (6): 1158 - 1164.

[86] Guggi D, Bernkop - Schnurch A. In vitro evaluation of polymeric excipients protecting calcitonin against degradation by intestinal serine proteases. Int J Pharm, 2003, 252 (1 - 2): 187 - 196.

[87] Takenaga M, Serizawa Y, Azechi Y, et al. Microparticle resins as a protein nasal drug delivery system for insulin. J Control Release, 1998, 52 (1 - 2): 81 - 87.

[88] Norwood P, Dumas R, Cefalu W, et al. Randomized study to characterize glycemic control

and short – term pulmonary function in patients with type 1 diabetes receiving inhaled human insulin (exubera). J Clin Endocrinol Metab, 2007, 92 (6): 2211 – 2214.

[89] Nair V B, Panchagnula R. Effect of iontophoresis and fatty acids on permeation of arginine vasopressin through rat skin. Pharmacol Res, 2003, 47 (6): 563 – 569.

[90] Chenite A, Chaput C, Wang D, et al. Novel injectable neutral solutions of chitosan form biodegradable gels in situ. Biomaterials, 2000, 21 (21): 2155 – 2161.

[91] Ruel – Gariepy E, Chenite A, Chaput C, et al. Characterization of thermosensitive chitosan gels for the sustained delivery of drugs. Int J Pharm, 2000, 203 (1 – 2): 89 – 98.

[92] Chenite A, Buschmann M, Wang D, et al. Rheological characterization of thermo gelling chitosan glycerol – phosphate solutions. Carbohydr Polym, 2001, 46: 39.

[93] Murthy N, Thng Y X, Schuek S, et al. A novel strategy for encapsulation and release of protein: hydrogels and microgels with acid—labile Cross linkers. J Am Chem Soc, 2002, 124 (42): 12398 – 12399.

[94] 孙晓东，房泽海，任悦欣. 蛋白多肽类药物给药途径及剂型的研究进展 [J]. 中外医疗, 2009: 160 – 162.